Brigitte Hettenkofer

Team-Resilienz

Das Geheimnis robuster, optimistischer und lösungsorientierter Teams

BusinessVillage

Brigitte Hettenkofer
Team-Resilienz
Das Geheimnis robuster, optimistischer und lösungsorientierter Teams
2. Auflage 2024

Bestellnummern
ISBN 978-3-86980-678-5 (Druckausgabe)
ISBN 978-3-86980-679-2 (E-Book, PDF)
ISBN 978-3-86980-680-8 (E-Book, EPUB)

Direktbezug unter www.BusinessVillage.de; PB-1158

Bezugs- und Verlagsanschrift
BusinessVillage GmbH
Reinhäuser Landstraße 22
37083 Göttingen
Telefon: +49 (0)5 51 20 99-1 00
E-Mail: info@businessvillage.de
Web: www.businessvillage.de

Layout und Satz
Sabine Kempke

Autorenfoto
Sabine Kristan, www.sabinekristan.de

Druck und Bindung
www.booksfactory.de

BusinessVillage

Inhalt

Über die Autorin

Brigitte Hettenkofer hilft leidenschaftlich gerne Menschen, ihre innere Kraft und Resilienz zu entfalten. Seit zwanzig Jahren bietet sie mit ihrem Unternehmen NeuroResilienz Beratung, Training und Teamentwicklung an und hilft Menschen und Teams, resilient und psychisch belastbar zu bleiben. Ihr Fokus liegt darauf, Teams zu inspirieren und zu ermutigen, um gestärkt durch herausfordernde Phasen zu navigieren.

Um ihre Vision zu verwirklichen, hat die Autorin das Team-Resilienz-Rad entwickelt. Dieses Analyse-Tool ermöglicht es Teams, den aktuellen Stand ihres Resilienz-Potenzials zu messen. Über diesen Link können Einzelpersonen eine persönliche Einschätzung vornehmen: https://tally.so/r/w2evpj. Auch ganze Teams haben die Möglichkeit, das Team-Resilienz-Rad zu nutzen. Bei Interesse wenden Sie sich bitte direkt an die Autorin. Die Auswertung beinhaltet gezielte Übungen, die auf die Ergebnisse abgestimmt sind.

Aus Gründen der leichteren Lesbarkeit habe ich bewusst auf das Gendern verzichtet und hoffe auf Ihr Verständnis dafür.

Kontakt

E-Mail: info@brigittehettenkofer.de

Web: www.brigittehettenkofer.de

www.linkedin.com/in/brigittehettenkofer

Downloadangebot zum Buch

Stärken Sie die Widerstandsfähigkeit Ihres Teams mit den Übungsanleitungen in der Digitalen Playbox. Das Resilienzrad ist ein Instrument zur Selbsteinschätzung, mit dem Sie herausfinden können, auf welche Kompetenzen Sie sich zuerst konzentrieren sollten. Mithilfe der Schritt-für-Schritt-Anleitung können Sie dann jedes Feld bearbeiten und umsetzbare Schritte entwickeln. Gemeinsam reflektieren Sie über Erfolge und Herausforderungen, was gut funktioniert hat und was nicht. Das hilft Ihnen, dranzubleiben und motiviert die nächste Hürde zu nehmen. Nutzen Sie das exklusive Zusatzangebot und fangen Sie an, ein resilientes Team zu werden.

1. Circle-of-Influence-Vorlage
2. Crowd Sourcing
3. Empathische Ehrlichkeit
4. Erwartungs-und Selbstwirksamkeit
5. Kompetenzen finden
6. Selbstreflexion der Führungskraft
7. Team-Resilienz-Rad
8. Vertrauen
9. Werteübung
10. Wir ziehen uns aus dem Sumpf

Vorwort

»Wie winzige Samen mit starker Kraft sich durch harten Boden zu drängen und zu mächtigen Bäumen zu werden, haben wir angeborene Reserven von unvorstellbarer Stärke. Wir sind belastbar.«

Catherine DeVrye (*1950), kanadische Autorin

In meinem eigenen Leben habe ich schwierige Zeiten durchgestanden, um wieder ans Licht zu kommen. Als ich in den Tiefen der Dunkelheit steckte, war es schwer, die Hoffnung auf eine bessere Zukunft aufrechtzuerhalten. Zum Glück hat mich das Leben gelehrt, dass auf schwierige Zeiten auch leichtere Zeiten folgen. Wenn ich zurückblicke, wird mir klar, dass ich einen großen Anteil daran hatte, wieder das Licht zu erreichen. Für mich ist Resilienz eine innere Lebenskraft, die man sich vor allem in schwierigen Zeiten zunutze machen muss. Es ist diese innere Kraft, die uns helfen kann, um durch schwere Phasen zu kommen. Meist spüren wir nach einer gemeisterten Krise mehr Lebenskraft und fühlen uns gestärkt.

In diesem Buch möchte ich Sie auf dem Weg zu einer größeren Team-Resilienz begleiten. In meiner langjährigen Arbeit mit Teams habe ich gelernt, dass jedes Team das Potenzial hat, resilient zu werden, auch wenn dieses Potenzial noch schlummert. Die Forschung hat uns schon lange gezeigt, dass Resilienz sowohl erlernt als auch entwickelt werden kann. Um die Resilienz von Teams wirklich zu fördern, bedarf es jedoch einer anderen Perspektive und Herangehensweise als bei der individuellen Resilienz.

Der rasante Wandel unserer Arbeitswelt bietet uns die einmalige Gelegenheit, neue, belastbare Formen der Zusammenarbeit zu entwickeln. Lassen Sie uns diesen Moment des Wandels nutzen, um gemeinsam eine stärkere, widerstandsfähigere Zukunft zu schmieden.

Bei der Resilienz von Teams geht es nicht nur um die Resilienz der einzelnen Mitarbeiter – damit sie wirklich greifen kann, sind gemeinsame Resilienzräume unerlässlich. Die Schaffung eines sicheren und unterstützenden Raums, in dem Mitarbeiter zusammenkommen und sich gegenseitig beim Aufbau von Resilienz helfen können, kann eine starke und positive Wirkung auf das gesamte Team haben. Diese Resilienzräume bieten ein Umfeld, in dem die Mitarbeiter ihre Erfahrungen austauschen, voneinander lernen und an ihnen wachsen können, wodurch starke Beziehungen und ein starkes Team entstehen.

Was erwartet Sie?

Nach einer kurzen Einführung zu Resilienz und der Aufklärung von ein paar Irrtümern, bereiten wir den Boden für Team-Resilienz und das ist psychologische Sicherheit. Psychologische Sicherheit ist ein wesentliches Konzept zur Schaffung eines Arbeitsumfelds, in dem sich die Mitarbeiter akzeptiert, unterstützt und vertraut fühlen. Zwischen Team-Resilienz und psychologischer Sicherheit gibt es viele Überschneidungen und auch ein paar wesentliche Unterschiede. Weiter geht es mit dem Team-Resilienz-Rad mit seinen acht Kompetenzen. Hier finden Sie Übungen, mit denen Sie in Ihrem Team experimentieren können. Nehmen Sie sich die Zeit, die Ergebnisse zu reflektieren, nur so können Sie sehen, ob Sie vorankommen. Die Übungen finden Sie im Downloadbereich.

Die Rolle der Führungskraft beim Aufbau von Team-Resilienz ist entscheidend. In diesem Kapitel gehe ich auf verschiedene Führungsstile ein, die sich bei der Förderung der Resilienz von Teams als wirksam erwiesen haben. Überlegen Sie, welcher Stil am besten zu Ihrer Persönlichkeit passt, und entscheiden Sie sich für den, der sich für Sie stimmig anfühlt. Denken Sie daran, dass es keinen einzelnen Führungsstil gibt, der ein belastbareres Team garantiert – es ist wichtig, den Stil zu finden, der für Sie und Ihr Team am besten funktioniert.

Die Widerstandsfähigkeit von Teams ist besonders wichtig, wenn es um hybride Zusammenarbeit geht. Um den Erfolg zu gewährleisten, müssen einige Schlüsselelemente besonders beachtet werden. In erster Linie sollten Sie mehr Zeit in die verschiedenen Aspekte der Zusammenarbeit investieren, zum Beispiel in die Kommunikation und den Aufbau von Vertrauen.

New Work wird immer beliebter, und ich bin erstaunt über die starke Verbindung zwischen Team-Resilienz und New Work. Das zeigt, dass die Reise zu mehr Resilienz in vollem Gange ist. Es ist inspirierend zu sehen, wie weit wir gekommen sind, und ich bin gespannt, was die Zukunft bringt.

Mit Co-Kreation stelle ich Ihnen ein bewährtes Vorgehensmodell in vier Schritten vor. Dieses Modell wurde in meiner Praxis getestet und hat durchweg positive Ergebnisse erbracht. Schließlich möchte ich Sie noch auf ein paar Stolpersteine aufmerksam machen. Hier lade ich Sie ein, die Hindernisse zu reflektieren und notfalls aus dem Weg zu räumen.

1.

Mit Resilienz durch stürmische Zeiten navigieren

1.1 Individuelle Resilienz

In den letzten zwanzig Jahren hat das Konzept der Resilienz enorm an Popularität gewonnen. Dies ist zum Teil auf ein größeres Verständnis für die Bedeutung der mentalen und psychologischen Belastbarkeit in schwierigen Zeiten zurückzuführen. Die Forschung zeigt immer deutlicher, wie wichtig Resilienz für ein erfülltes und befriedigendes Leben ist.

Mentale und psychologische Widerstandsfähigkeit sind heute weithin als wesentliche Komponenten anerkannt, die dem Einzelnen helfen, Widrigkeiten zu bewältigen und sich von schwierigen Situationen zu erholen. Resilienz ist ein dynamischer Prozess, der die Fähigkeit beinhaltet, sich von schwierigen Situationen zu erholen oder sich an sie anzupassen. Resilienz ist also kein einmal erreichter Zustand, sondern ein lebenslanger Prozess oder eine besondere Fähigkeit. Resilienz ist somit eine wichtige Lebenskompetenz, die uns hilft, mit den Höhen und Tiefen des Lebens fertig zu werden. Wenn wir resilient sind, können wir besser mit Stress, Widrigkeiten und Veränderungen umgehen. Es ist auch wahrscheinlicher, dass wir uns erfüllt fühlen und ein Gefühl von Sinn in unserem Leben haben.

Das Konzept der Resilienz wird in der Psychologie schon seit vielen Jahren untersucht. Doch erst in den letzten zwanzig Jahren wurde die Bedeutung der Resilienz im Umgang mit Widrigkeiten im deutschsprachigem Raum anerkannt. Dies ist zum Teil auf das wachsende Bewusstsein für unsere mentale und psychologische Gesundheit in Anbetracht der steigenden psychischen Erkrankungen, wie zum Beispiel Depressionen oder Burn-out-Erkrankungen zurückzuführen.

Der Begriff »Resilienz« leitet sich vom lateinischen Wort »resilire« ab, was so viel bedeutet wie »zurückfedern« oder »abprallen«.

Ursprünglich kam der Begriff aus der Werkstoffkunde. Es ist damit die physische Fähigkeit eines Körpers oder Werkstoffes gemeint, nach einer Formveränderung wieder in seine ursprüngliche Form zurückzuspringen. Wenn ich an Resilienz denke, fällt mir sofort ein Swing Sessel ein. Ich sehe ihn deutlich vor mir, in einer Vitrine eines bekannten Möbelhauses. Den ganzen Tag lang wird er von einer Druckmaschine malträtiert, indem ständig Druck auf ihn ausgeübt wird. Sobald der Druck nachlässt, kehrt der Sessel in seine ursprüngliche Form zurück.

Wie jede Metapher hinkt auch diese und bringt nicht ganz zum Ausdruck, was Resilienz für uns Menschen bedeutet. Wir Menschen sind nämlich keine Maschinen. Nach meiner Beobachtung an meinen Seminarteilnehmern und auch an mir selbst, ist es vielmehr so, dass uns eine Krise ganz schön beuteln kann. Es geht uns möglicherweise für kürzere oder längere Zeit richtig schlecht, wie der Swing Sessel gehen wir psychisch in die Knie. Und doch geht jede Krise auch zu Ende. Wenn wir sie gemeistert haben, finden wir nicht nur in unsere ursprüngliche Form zurück wie dieser Swing Sessel, sondern wir haben im günstigsten Fall in der Bewältigung der Krise eine Menge gelernt. Wir haben uns weiterentwickelt.

Erst kürzlich erzählte mir ein Bekannter von seinem Unfall. Er erlitt eine Becken- und Schlüsselbeinfraktur und kann nur mit Krücken laufen. In einer humorvollen Bemerkung meinte er, nach der Reha wird er bald wieder der Alte sein. Im Sesselbild bedeutet das, er kehrt wieder in seine alte Form zurück. Natürlich wird er wieder ohne Krücken laufen können, das wünsche ich ihm von Herzen. Doch er wird sich in der Genesungszeit weiterentwickelt haben und vielleicht auf sein Leben mit einem anderen Blick schauen als vor dem Unfall. Er wird ein Mensch sein mit genau dieser Erfahrung, die er vorher noch nicht gemacht hatte. Vielleicht lernt er nette Menschen in der Reha kennen und erweitert sein soziales Netz. Vielleicht ist sein Vertrauen in die wunderbaren Behandlungsmöglichkeiten gestärkt. Resilienz bedeutet in diesem konkreten Fall, den Unfall mit all seinen schmerzhaften und auch langwierigen Behandlungen gut zu bewältigen. Im besten Fall geht mein Bekannter gestärkt aus dieser Krise hervor.

Es gibt keine Garantie dafür, dass jeder gestärkt aus einer Krise hervorgeht. Leider werden viele Menschen in schwierigen Zeiten schwächer oder resignieren und werden vielleicht sogar depressiv. Und hier kommt die Resilienzforschung ins Spiel.

In den Anfangszeiten der Forschung wurden die Risiko- und Schutzfaktoren ermittelt, die zur Resilienzentwicklung beitragen. In der Folgezeit ist man der Frage nachgegangen, wie diese Faktoren ihre Schutzwirkung entfalten. Im weiteren Verlauf werden Präventionsstrategien und Maßnahmen zur Resilienzförderung entwickelt. Und derzeit wird ein Mehrebenenmodell der Resilienz entwickelt. Psychosoziale Merkmale, physiologische und neurobiologische Prozesse werden miteinander verknüpft. Resilienz wird als lebenslanger dynamischer Prozess verstanden. Es ist kein andauernder Zustand, sondern kann sogar zwischen den verschiedenen Lebensbereichen und -phasen variieren.

Noch ein Missverständnis möchte ich aufklären: Resilienz ist mehr als Stressbewältigung. Selbstverständlich kann ein resilienter Mensch angemessen mit seinem Stress umgehen. Stressmanagement gehört in das Fach Resilienz. Doch Resilienz geht weit darüber hinaus. In vielen Fachbüchern zum Thema Resilienz können Sie sich ausführlich über die Resilienzfaktoren informieren.

Nun die beste Nachricht zum Schluss: Resilienz kann trainiert werden. Das heißt, nicht nur die Gene, die wir von unseren Eltern geerbt haben, sind entscheidend, sondern auch unsere innere Haltung oder Einstellung, unser Handeln und die Wahl unseres sozialen Umfeldes. Resilienz ist eine psycho-

Resilienz ist innere Lebenskraft und das Wichtigste: Sie kann trainiert werden!

logische Kompetenz, die mit der Zeit entwickelt und gestärkt werden kann, so die neueren Forschungsergebnisse.

Resilienz übersetze ich mittlerweile mit »innerer Lebenskraft«. Und ich bin zutiefst überzeugt, dass jeder Mensch über innere Lebenskraft verfügt. Manchmal ist diese Kraft zugeschüttet, dann muss der Weg wieder freigeschaufelt werden. Oder wie die Resilienzforscher sagen, Resilienz kann gestärkt werden. Ich möchte nicht verschweigen, dass das auch bedeutet, die persönliche Komfortzone verlassen zu müssen und in die Wachstumszone einzutreten. Es können schon mal Wachstumsschmerzen auftreten und die gehen vorüber und für mehr Resilienz lohnt es sich, die Komfortzone zu verlassen.

1.2 Team-Resilienz – Schlüssel zum Erfolg für ein Team

Ein resilientes Team verfügt über die Fähigkeit, sich proaktiv an veränderte Umstände anzupassen und flexibel zu bleiben, um seine Ziele zu erreichen. Mit einem Team, das sowohl belastbar als auch anpassungsfähig ist, können Herausforderungen gemeistert und Ziele erreicht werden. Lassen Sie uns einen tieferen Blick auf Team-Resilienz werfen.

Was verstehen wir unter Team-Resilienz?

Es ist erstaunlich, dass in anerkannten Publikationen derzeit mehr als zehn verschiedene Definitionen darüber kursieren, was mit dem Begriff »Team-Resilienz« gemeint ist. Im Kern ist Team-Resilienz die Fähigkeit eines Teams, angesichts schwieriger Umstände durchzuhalten und weiterhin so gut wie möglich zusammenzuarbeiten. Die Experten haben sich noch nicht auf eine einheitliche Definition geeinigt. Sie sind sich jedoch einig, dass die Entwicklung der notwendigen Fähigkeiten für eine gesunde und produktive

Bewältigung von Krisen und Herausforderungen wesentlich ist. Die Resilienz eines Teams ist keine statische Eigenschaft oder ein fester Zustand, sondern vielmehr ein dynamischer Prozess, der sich auf mehreren Ebenen entwickeln kann.

Und hier kommt eine Definition, die mich sehr anspricht: »Ein dynamischer, psychosozialer Prozess, der eine Gruppe von Individuen vor den möglichen negativen Auswirkungen von Stressoren schützt, denen sie gemeinsam begegnen. Er besteht aus Prozessen, bei denen die Teammitglieder ihre individuellen und kollektiven Ressourcen nutzen, um sich positiv anzupassen, wenn sie Widrigkeiten erleben.« (Morgan/Fletcher/Sarkar 2013: 549) Wie schon erwähnt, ist für mich die individuelle Resilienz eine innere Lebenskraft, die in jedem Menschen beheimatet ist. Und auch in jedem Team ist ein Resilienzpotenzial, das gerade in stürmischen Zeiten dringend gebraucht wird.

Team-Resilienz zeigt sich in der Art und Weise, wie Menschen miteinander umgehen, wie sie zusammenarbeiten und besonders, wie sie mit Stress und Krisen umgehen. Das wirkt dann wiederum auf die Gesundheit des einzelnen Teammitglieds zurück. Teams verfügen über ein enormes Resilienzpotenzial, das oft unterschätzt wird. Wenn Teams resilient sind, können sie auf dem Potenzial der einzelnen Mitglieder aufbauen und gemeinsam etwas noch Größeres schaffen – eine kollektive Energie, die zum Erfolg beitragen kann.

Haas, Huemer und Preissegger (2022: 142) sagen: »Das Resilienzpotenzial, das ein Team in sich birgt, wird nach wie vor unterschätzt. Resiliente Teams können das Potenzial der einzelnen Personen ergänzen und multiplizieren.« Durch die Förderung der Resilienz in Teams können Organisationen ein größeres Potenzial freisetzen und ein Umfeld schaffen, in dem jeder Mitarbeiter resilienter werden und in jedem Team gelingende und gesunde Zusammenarbeit entstehen kann. Der Autor, Draht, spricht vom Resilienzfeld. Die Mitarbeiter stehen in ständiger Interaktion mit ihrer Umgebung und untereinander, beeinflussen und werden dabei beeinflusst. Unter dem Resilienzfeld versteht Draht das Teamklima. Das Teamklima ist ein entscheidender Faktor für den Grad der Belastbarkeit eines Teams. Wenn das Vertrauen fehlt, Konflikte häufig sind und psychologische Sicherheit fehlt, entsteht ein negatives Resilienzfeld. (Vgl. Drath 2014: 184) Mit einem positiven Resilienzfeld können Herausforderungen eher als Chancen gesehen werden, um Stärke aufzubauen, Beziehungen zu verbessern und letztendlich positive Veränderungen zu schaffen.

Entdecken Sie die Geheimnisse des Aufbaus widerstandsfähiger Teams in diesem Buch. Anhand von Beispielen aus der Praxis und umsetzbaren Schritten erhalten Sie das Wissen und die Fähigkeiten, die Ihrem Team helfen, auch in schwierigen Zeiten erfolgreich zu sein. Mit praktischen und unkomplizierten Übungen lernen Sie, wie Sie eine Kultur der Resilienz fördern und ein Team aufbauen können, das Herausforderungen gewachsen ist.

Erschließen Sie die Kraft der Team-Resilienz und erschaffen Sie ein starkes Wir.

Die Forschung und Team-Resilienz

Team-Resilienz wird nicht mehr als statische, inhärente Eigenschaft betrachtet, sondern als dynamischer Prozess. Mit anderen Worten: Die Forschung des letzten Jahrzehnts hat die Resilienz von Teams als fließende Prozesse gelingender Zusammenarbeit verstanden. Aus der Perspektive der Resilienzforschung lassen sich aus einzelnen Studien vielfältige Interaktionsformen und Formen der Zusammenarbeit ableiten, die eine bessere Krisenbewältigung im Team ermöglichen.

Um ein widerstandsfähiges Team zu sein, ist es wichtig, gut funktionierende Interaktionsprozesse zu haben, sich auf gemeinsame positive Emotionen zu konzentrieren und achtsam mit negativen Emotionen umzugehen. Entschei-

Team-Resilienz ist kein Zustand, sondern die Prozessfähigkeit mit Krisen umzugehen.

Team-Resilienz ist ein starkes Wir, unabhängig von der Resilienz der Einzelnen.

dend sind auch gegenseitiger Respekt und Empathie füreinander. Es gibt noch weitere Prinzipien, die Team-Resilienz ermöglichen. Dazu später mehr.

Wir befinden uns mitten in einem intensiven Transformationsprozess in der Arbeitswelt. Die alten Wege funktionieren nicht mehr und wir müssen uns an neue Arbeitswelten anpassen. Wir werden aus unserer Komfortzone herausgedrängt und betreten Neuland. Der Wandel ist geprägt von Begrifflichkeiten wie Digitalisierung, New Work, Agilität, Diversity, VUKA und BANI, um einige zu nennen. Der Wandel ist unvermeidlich. Wir können uns ihm entweder widersetzen und zurückbleiben oder ihn annehmen und zu unserem Vorteil gestalten. Letzteres ist immer die bessere Option.

Gemeinsam ist diesem Wandel die Erkenntnis, dass es für eine nachhaltig tragfähige Bewältigung der aktuellen Herausforderungen ganz neue Formen der Zusammenarbeit in und zwischen Organisationen braucht. Um neue und tragfähige Formen entwickeln zu können, ist Team-Resilienz gefragt. Sie ist die Basis und gleichzeitig Bestandteil der Transformation. Für jede Organisation muss es wichtig sein, dass ihre Mitarbeiter resilient sind, dass in den Teams Resilienz gelebt wird. Schließlich soll die ganze Organisation resilient sein und bleiben.

»Ich weiß nicht, ob es besser wird, wenn es anders wird. Aber es muss anders werden, wenn es besser werden soll.«

Georg Christoph Lichtenberg (1742–1799), Physiker

Das Buch wird Sie hoffentlich dazu inspirieren, mutig zu sein und sich auf Neuland einzulassen. Und hoffentlich stärkt es auch Ihr Vertrauen in das vielleicht unterschätzte Team-Potenzial.

2.

Irrtümer und Erfolgswege

2.1 Irrtümer aus dem Weg räumen

Erster Irrtum: Resiliente Mitarbeiter schaffen ein resilientes Team

Ein erster Irrtum ist, man suche sich resiliente Mitarbeiter, mache daraus ein Team und schon erblüht Team-Resilienz. Starke Einzelpersonen ergeben nicht automatisch ein starkes Team. Unterschiedliche Talente und Stärken sowie die Art und Weise, wie die Teammitglieder zusammenarbeiten, sind die Schlüsselkomponenten für die Bildung einer belastbaren Gruppe. Zusammenarbeiten bedeutet, die Stärken und Schwächen des anderen zu kennen und zu verstehen, Ideen und Informationen auszutauschen und sich auf den anderen zu verlassen, um die Aufgaben zu bewältigen. Nur durch diese gemeinsame Anstrengung kann ein Team belastbar und produktiv werden. Grundsätzlich ist es eine gute Voraussetzung, wenn Mitarbeiter belastbar sind.

Nichtsdestotrotz machen wir alle harte Zeiten und Schwierigkeiten durch. Ein großes Projekt kann abgebrochen werden, ein Konflikt kann eskalieren oder man muss wegen einer schweren Krankheit eine Pause einlegen. Die Art und Weise, wie wir mit solchen Situationen umgehen, kann unseren individuellen und gemeinsamen Erfolg maßgeblich beeinflussen. Genau das haben viele Unternehmen erkannt und unterstützen ihre Mitarbeiter mit diversen Resilienztrainings. Das ist eine begrüßenswerte Entwicklung.

Als ich selbst in den frühen Zweitausenderjahren meine Resilienz-Trainings angeboten habe, war die Annahme dieses Themas noch etwas sperrig. Die Bedeutsamkeit von Resilienz wurde noch nicht richtig verstanden, schon der Begriff war manchen fremd. In den Anfangszeiten gab es häufig den Irrglauben, dass Resilienz die Fähigkeit ist, Stress gut bewältigen zu können. Dies ist jedoch nur ein Teilbereich des Konzepts. Es ist wichtig, Stress standhalten zu können, aber echte Resilienz ist viel mehr als das. Es geht um die Fähigkeit, sich an Veränderungen anzupassen, Rückschläge zu verkraften und trotzdem eine positive Einstellung zu bewahren – in der eigenen Kraft zu bleiben oder sie wieder zu erlangen.

Frage an Sie: Wird die Widerstandsfähigkeit eines Teams nur durch starke Mitglieder in der Gruppe gewährleistet?

Mal angenommen, ein Team besteht aus überwiegend resilienten Mitarbeitern, dann müsste doch alles wunderbar sein. Die Teammitglieder können gut mit Stress umgehen, verfügen über eine hohe Selbstwirksamkeit, blicken zumindest meistens optimistisch auf ihre Arbeitssituation, haben Lust, Neues zu lernen, akzeptieren auch mal Unangenehmes bei der Arbeit, pflegen ihr Netzwerk im Unternehmen, übernehmen Verantwortung und können auch noch ihre Emotionen gut steuern. Ein Traum, oder?!

Jedes Unternehmen und jede Führungskraft wünscht sich Mitarbeiter, die mit Leidenschaft bei der Sache sind und immer nach Möglichkeiten zur Optimierung suchen. Dabei wird übersehen, dass ein Team mehr ist als die Summe der einzelnen Mitarbeiter und eine eigene Dynamik entwickelt. Treten wir einen Schritt zurück und vergegenwärtigen wir uns, was ein Team ist. Mir gefällt besonders die einfache Definition von Prof. Dr. Kilian Hennes (2021: 31):

»Unter einem Team wird hier verstanden, was entsteht, wenn Menschen gegenwärtig eine gemeinsame Aufgabe wahrnehmen.«

In meinen Teamentwicklungen beobachte ich oft, dass eine Gruppe eine beeindruckende Fähigkeit besitzt, schwierige Szenarien zu bewältigen und vor allem mit größerer Geschlossenheit aus Krisen hervorzugehen. Auch wenn einzelne Teammitglieder nicht unbedingt besonders belastbar sind.

Aus der Praxis: Der plötzliche Tod einer Kollegin hat alle völlig schockiert und fassungslos gemacht. Das gesamte Team spürt die Leere, die durch ihren Tod entsteht. Das Team trauert. Ich begleite dieses Team schon mehrere Jahre regelmäßig und kannte die verstorbene Mitarbeiterin recht gut. Auch ich war von dieser Nachricht sehr berührt. Ich kann mich noch gut daran erinnern, wie sie sich mit ihrer lebendigen Art eingebracht hat. Sie war eine tragende Säule im Team. Auch ich konnte es nicht fassen, dass diese Frau nie mehr in die Supervision kommt.

Für diese außergewöhnlich belastende Situation wurde ein Treffen vereinbart. Als ich in den Raum kam, hing eine schwere Wolke der Trauer im Raum. Wir starteten mit einer kleinen Stille-Übung, dann haben wir schöne Momente mit der Verstorbenen miteinander geteilt. Wir weinten und trauerten gemeinsam. Eine dichte Stimmung entstand. Das gemeinsame Trauern hat uns miteinander verbunden. Dann kam ein magischer Moment. Die traurige Stimmung wandelte sich in eine fröhliche. Und wir haben uns all die eher amüsanten Erlebnisse mit der Verstorbenen erzählt. Am Schluss haben alle zumindest ein klein wenig Erleichterung gespürt. Immer noch traurig sind wir etwas befreiter unserer Wege gegangen. Damit war der Trauerprozess lange nicht abgeschlossen. Und doch hat diese Sitzung einen kleinen, feinen Unterschied gemacht. Das gemeinsame Trauern hat eine starke Verbundenheit entstehen lassen. Dieses Team ist ein gutes Beispiel dafür, dass die Widerstandsfähigkeit eines Teams nicht voraussetzt, dass jedes einzelne Mitglied besonders resilient sein muss. Vielmehr ist es eine Stärke des Teams, diese schwierige Situation gemeinsam zu meistern.

Die Stärke eines Teams kann sich in der gemeinsamen Erfahrung entfalten. Das hat sich im Sport immer wieder gezeigt, denn Teams, die gemeinsam durch Höhen und Tiefen gegangen sind, gehen in der Regel gestärkt aus der Sache hervor. Das Gleiche gilt für Unternehmen und andere Organisationen. Wenn ein Team eine schwierige Erfahrung gemeinsam durchsteht, kann dies zu einem bedeutenden Unterschied in der Zusammenarbeit führen. Sie lernen, einander mehr zu vertrauen und sich aufeinander zu verlassen, was zu einer besseren Kommunikation und einer gelingenden Zusammenarbeit führen kann. Letztendlich kann dies das Team effektiver und erfolgreicher machen.

Ich halte das Bild eines Miteinanders, das nur eine Gruppe starker Mitarbeiter gemeinsam stark sein kann, für völlig unrealistisch und vor allem unbrauchbar. Wie gehen wir dann mit den vermeintlich Schwächeren um? Entfernen wir diese Menschen aus dem Team? Außerdem widerspricht es meinen langjährigen Erfahrungen mit Team-Coachings. Resiliente Mitarbeiter sind noch lange keine Garantie für Team-Resilienz.

Zweiter Irrtum: Team-Resilienz ist ein statischer Zustand

Ein zweiter Irrtum ist: Team-Resilienz ist ein statischer Zustand. Wenn er einmal erreicht ist, dann ist alles gut. Um Team-Resilienz aufzubauen, ist es wichtig, sie auch in Zeiten relativer Ruhe zu entwickeln und nicht auf eine Krise zu warten. Außerdem gibt es keine magischen Werkzeuge, mit denen sich die Resilienz eines Teams einfach herbeizaubern lässt. Sie erfordert Arbeit und die Bereitschaft, als Team zusammenarbeiten zu wollen, um alle Herausforderungen meistern zu können. Team-Resilienz entfaltet sich in Etappen auf einer spannenden Reise. Und wie in jeder Reise gibt es Höhen, Tiefen und auch Umwege. Die Wahrheit ist, dass Team-Resilienz etwas ist, was im Laufe der Zeit kultiviert werden muss. Ein Team wird resilient, wenn es sich auf einen kontinuierlichen Reflexionsprozess einlässt und nach Möglichkeiten sucht, seine innere Stärke weiter auszubauen, um so ihr inneres Potenzial zu entfalten. Es wird Zeiten geben, da erlebt sich ein Team sehr resilient und in anderen Phasen wird sich das Team weniger resilient verhalten. Die Resilienz eines Teams ist kein fester Zustand, sondern ein fortlaufender Prozess, der sich entwickelt und an die sich ständig verändernde Umgebung anpasst. Es ist die Fähigkeit gemeint, wirksam auf

Herausforderungen zu reagieren und sich von Widrigkeiten und Rückschlägen wieder zu erholen. Resilienz ist eine wesentliche Fähigkeit für ein gelingendes Miteinander, das ermöglicht, im Team motiviert zu bleiben und gemeinsam auf ein vereinbartes Ziel hinzuarbeiten. Verabschieden Sie sich von der Vorstellung, dass Team-Resilienz als Zustand erreichbar ist. Ich möchte Sie inspirieren und einladen, sich auf den Weg zu machen, um herauszufinden, was im Team alles möglich ist. Teams haben oft viel mehr Kompetenzen und Potenziale zur Gestaltung ihrer Zusammenarbeit, als sie selbst zunächst wahrnehmen. Ich muss immer an einen Satz einer geschätzten Kollegin, Birgit Baumann denken: »Trust the group«. Wenn wir der Gruppe vertrauen, eröffnen wir die Möglichkeit, dass sich kollektive Intelligenz entwickelt. Und genau diese kollektive Intelligenz ist das Herzstück eines wirklich belastbaren Teams.

Dritter Irrtum: Team-Resilienz kann ad hoc erreicht werden

Diese Vorstellung lässt außer Acht, dass die Resilienz eines Teams nicht allein mithilfe von Tools erreicht werden kann. Sie erfordert kontinuierliche Bemühungen, Planung und ein Engagement für den Aufbau von Resilienz. Es handelt sich nicht um eine einmalige Lösung, sondern vielmehr um einen kontinuierlichen Prozess der Entwicklung und Anpassung. Die Resilienz von Teams lässt sich nicht mit einem einzigen Rezept mit Erfolgsgarantie erreichen, sondern erfordert ein andauerndes Engagement und eine Investition von Zeit und Ressourcen. Lassen Sie mich das mit einer Metapher verdeutlichen: Wollen wir einen duftenden Kuchen backen, dann brauchen wir bestimmte Zutaten, die in einem bestimmten Zustand und in einer gewissen Reihenfolge zu einem Teig verarbeitet werden. Der Teig kommt in eine Form und dann ab in den Ofen. Die Hitze im Ofen lässt den Kuchen gedeihen. Sollten wir mal übersehen haben, dass die Butter schon ranzig war und sie trotzdem im Kuchen gelandet ist, werden wir einen dementsprechend schmeckenden Kuchen aus dem Ofen holen.

Es wäre zu schön, wenn Team-Resilienz auch so gebacken werden könnte. Oder?! Beim Kuchenbacken wissen wir, dass die Zutaten einen gewissen Zustand haben sollten. Durch das Vermischen und mit der Hitze entsteht ein wohlduftender Kuchen.

Ich hoffe, Sie verzeihen mir diesen Vergleich. Stellen wir uns jetzt vor, die Zutaten sind die Teammitglieder einschließlich Führungskraft. Das Team hat gewisse Aufgaben zu erledigen. Dazu braucht es einen Raum und das nötige Equipment. Was ist nun, wenn ein Teammitglied ranzig ist? Ersetzen wir es einfach mit einem frischen Mitarbeiter? Führt das zu einer guten Lösung, wenn es überhaupt möglich ist? Es könnte auch sein, dass der Ofen nicht die richtige Hitze hat und schon kommt eher ein flüssiger Kuchen dabei raus. Das heißt, auch die Rahmenbedingungen müssen Team-Resilienz begünstigen.

Und jetzt fängt der Vergleich zu hinken an, denn es geht noch weiter. Jedes Teammitglied hat Fachwissen, das kann unterschiedlich sein. Jedes Teammitglied hat ihre Persönlichkeit mit Stärken und Schwächen. Jedes Teammitglied hat gute und weniger gute Tage. Es gibt also so viele verschiedene Einflussfaktoren auf die Zusammenarbeit. Hinzu kommt, dass auch die Einflussfaktoren, wie zum Beispiel Fach- oder Kommunikationskompetenz nicht einem stabilen Zustand unterliegen, sondern sich mal so und mal anders zeigen – auch abhängig von den Rahmenbedingungen.

Wir brauchen also ein anderes Denkmodell – eine andere Sichtweise auf das Team, und zwar den systemischen Blick. Ein soziales System ist komplex und einfache Reparaturen helfen nicht richtig weiter. Damit meine ich vor allem: das lineare Denken ist nicht hilfreich. Ist Sand im Getriebe, wollen wir die Maschine ganz schnell wieder funktionsfähig machen. Bei einer Maschine ist das die richtige Vorgehensweise. Ist Sand im Teamzusammenspiel, dann neigen wir auch dazu: Das muss repariert werden! Ideen für solche Reparaturversuche könnten sein: Ein Teammitglied muss geschult werden, das andere Teammitglied wird mit einem Kritikgespräch bedacht, wieder ein anderes Teammitglied muss entlassen werden. Das sind Reparaturangebote an die sogenannten Symptomträger. In meinen Team-Maßnahmen habe ich schon so oft erlebt, dass der vermeintliche Symptomträger aus dem Team entfernt wurde und es dauerte nicht lange, bis ein anderes Teammitglied das Symptom übernommen hat. Systemiker verstehen dieses Phänomen sehr gut.

Es braucht ein Loslassen des alten Denkmodells, alles kann repariert werden. Ein Perspektivwechsel ist notwendig, denn soziale Realitäten, wie sie ein Team abbildet, sind in der Regel viel zu komplex für einfache Reparaturen. Das alte Sprichwort »Man kann ein Buch nicht nach seinem Einband beurteilen« gilt auch für Menschen und noch viel mehr für ein Team. Und noch einmal: Ein Team ist viel mehr als die Summe der einzelnen Teammitglieder.

Team-Resilienz ist nur bedingt machbar, aber in kleinen oder größeren Schritten kann sie ermöglicht werden. Ein System kann von außen nur vorsichtig angeregt werden, sich zu verändern. Es gibt keine Erfolgsgarantie. Denn wer kann wissen, was sich in einem Team aus sich selbst heraus entwickeln könnte, wenn wir mehr auf den Prozess im Team vertrauen? Was machbar ist, ist, einen guten Boden für Team-Resilienz vorzubereiten. Es gilt Möglichkeitsräume für Team-Resilienz zu kreieren, die Teams helfen können, Stürme zu überstehen und gestärkt daraus hervorzugehen.

Wie wäre es mit einer achtsamen Haltung anstelle von vergeblichen Reparaturversuchen? Also innehalten und wahrnehmen, was in dem Team gerade los ist. Darauf achten, wie das Team gerade miteinander interagiert. Was braucht das Team gerade? Darum soll es in diesem Buch gehen, ich möchte Ihnen neue Wege aufzeigen.

2.2 Vom Irrtum ins Gelingen

Die klassischen Resilienzfaktoren werden oft als »Die sieben Säulen der Resilienz« bezeichnet. Mich persönlich spricht mehr der Begriff »Resilienzkompetenz« an und der »Resilienz-Zirkel« von Ella Gabriele Amann. Eine Kompetenz ist die Fähigkeit, Wissen, Können und Handlungen selbstständig und wirksam anzuwenden, um den Anforderungen des Lebens oder der Arbeit gerecht zu werden. Der Resilienz-Zirkel von Ella Gabriele Amann umfasst acht Kompetenzfelder, die für die Entwicklung von Resilienz wichtig sind. Diese nennt sie folgendermaßen:

- Improvisation und Lernbereitschaft
- Optimismus, positive Selbst- und Fremdeinschätzung
- Akzeptanz und Realitätsbezug
- Lösungsorientierung und Kreativität
- Selbstregulation und Selbstfürsorge
- Selbstverantwortung und Gestaltungskraft
- Beziehungen, Wertschätzung und Kooperation
- Zukunftsgestaltung und Visionsentwicklung

Wie können nun die Resilienzkompetenzen in einem Team gelebt werden, sodass ein ganzes Team resilienter wird?

Es ist sicherlich nicht möglich, individuelle Resilienzkompetenzen eins zu eins auf ein Team zu übertragen. Ein Team von Menschen ist ein komplexes System, deswegen brauchen wir die Systembrille. Die klassischen Schritte: Analyse – Maßnahmenplanung – Umsetzung bringen uns nur bedingt zum Ziel. Resilienzförderung ist immer ein dynamischer Prozess, der auf verschiedenen Ebenen im Zusammenspiel der einzelnen Teammitglieder abläuft.

Zur Veranschaulichung dieses Zusammenhangs: Wenn die Resilienz eines Teams mit der Resilienz eines Einzelnen übereinstimmt, können erstaunliche Dinge geschehen. So kann ein Teammitglied beispielsweise die Fähigkeit mitbringen, kreative Lösungen zu finden, und wenn diese von anderen im Team aufgegriffen und gemeinsam weiterentwickelt werden, entstehen innovative Lösungen. Andere Teammitglieder können mit diesem Lösungsorientierungsvirus infiziert werden. Das führt dazu, dass das Team eine noch bessere Lösung findet, als sie ein Einzelner hätte finden können. Das wiederum stärkt die Freude des Teams an der Zusammenarbeit und den Wunsch, noch mehr großartige Lösungen zu finden.

Wenn der lösungsorientierte Ansatz eines Teammitglieds allerdings Widerstand hervorruft, zum Beispiel »So haben wir das noch nie gemacht!« oder »Der mit seinen komischen Ideen«, entfaltet sich ein ganz anderer Prozess. Dies kann zu Meinungsverschiedenheiten innerhalb des Teams führen, und das Team kreist mehr um sich selbst als um die Lösungsfindung. Es kann zu persönlichen Angriffen und Bewertungen kommen. Die Stimmung kann sich verschlechtern, die Zusammenarbeit kann leiden und jedes Teammitglied fühlt sich belastet und gestresst. Das habe ich selbst erlebt. Da ich viel lese, habe ich in einen Kollegenkreis viele neue Ideen eingebracht. Eine Kollegin hat dann schnell mit den Augen gerollt und ich habe mich ausgebremst gefühlt.

Wenn Mitarbeiter mit positiven Eigenschaften wie Lösungsorientierung, Akzeptanz und Beziehungsfähigkeit Teil eines Teams sind, kann sich dies positiv auf die Widerstandsfähigkeit des ganzen Teams auswirken, aber es kann auch nach hinten losgehen und Konflikte verursachen. Es bilden sich Untergruppen und Missstimmungen kommen auf. Die individuelle Resilienz ist gefragt, aber keine hinreichende Voraussetzung für einen resilienten Teamgeist. Eine notwendige Voraussetzung für einen belastbaren Teamgeist ist dagegen psychologische Sicherheit. Sie ist der Boden, auf dem die Resilienz eines Teams gedeihen kann.

Sicher fällt Ihnen das eine oder andere Beispiel aus Ihrem Berufsalltag ein, in dem Sie genau die oben beschriebenen Szenarien erlebt haben. Vielleicht mögen Sie sich einen kurzen Augenblick Zeit nehmen und die Erfahrungen im Nachhinein reflektieren.

Das Ziel jeglicher Bemühungen zur Förderung der Resilienz von Teams sollte darin bestehen, die Mitarbeiter zufriedener, widerstandsfähiger und sogar glücklicher mit ihrer Arbeit zu machen. Denn zufriedene Mitarbeiter kommen gern zur Arbeit und wollen ihren Beitrag zum Erfolg leisten. Hier gibt es Überschneidungen mit dem New-Work-Ansatz, später mehr dazu. Team-Resilienz beginnt zwischen unseren beiden Ohren oder neudeutsch ausgedrückt mit einem neuen Mindset. Eine wichtige Voraussetzung dafür ist Selbstverantwortung:

»Wenn wir also verantwortlich handeln wollen, dann müssen wir auch die Verantwortung übernehmen für die Art und Weise, in der wir die Welt sehen.«

Ernst von Glasersfeld (1917–2010),
Philosoph und Kommunikationswissenschaftler

Wir sind nicht nur für unser Handeln verantwortlich, sondern auch dafür, wie wir unsere Arbeit sehen. Ich kann in mir die für die Babyboomer-Generation typische Sichtweise finden: »Leben, um zu arbeiten«. Vieles im Leben von Babyboomern ist auf die Arbeit ausgerichtet. Eine entgegengesetzte Sichtweise vertritt der New-Work-Ansatz:

»Wir sollen nicht der Arbeit dienen, sondern die Arbeit soll uns dienen.«

Frithjof Bergmann (1930–2021), Philosoph und Anthropologe

Was bedeutet das für Team-Resilienz? Es ist an der Zeit, gewohnte Ansichten zu überdenken. Nur so können wir neue Perspektiven finden, die hoffentlich inspirierender und ermutigender sind. Gerade Krisen fordern uns zu neuem Denken und Handeln heraus, denn gewohnte und früher erfolgreiche Lösungswege greifen nicht mehr.

Krisen, wie die Coronapandemie, können uns aus unserer Komfortzone herausführen und zu Neuanfängen zwingen. Diese Veränderungen gehen oft mit Verlusten einher, die schmerzhaft sein können. Die Coronapandemie hat uns gelehrt, dass viele Aufgaben von zu Hause aus erledigt werden können. Der Arbeitsweg fällt weg, aber auch der direkte Kontakt zu den Kollegen. Plötzlich entstand die Gefahr der Vereinsamung im Homeoffice. Ein weiteres Beispiel sind die Pflegekräfte. In der Hochphase der Coronapandemie mussten sie ihre sozialen Aktivitäten einschränken und alles tun, um die Ansteckungsgefahr möglichst gering zu halten. Das war für viele Pflegekräfte, die ein hohes soziales Motiv für die Arbeit haben, selbstverständlich und auch sehr schmerzhaft. Auf manchen Stationen ist das Wirgefühl richtig in den Keller gegangen.

Ich frage Sie, lieber Leser, haben Sie nicht auch schon mal die Erfahrung gemacht, dass Sie knietief in einer Krise steckten und alles nur furchtbar war? Sie haben die Krise durchstanden und Sie haben dazu gelernt, sehen manches mit anderen Augen. Ihre Denkweisen wurden kräftig durcheinandergeschüttelt und siehe da, es kam eine Zeit, da war das neue Mindset gefestigt und normal. Bestenfalls ist das Leben sogar besser geworden, zumindest Sie selbst sind gestärkt hervorgegangen.

Ich selbst habe diese Erfahrung schon mehrmals gemacht. Leider vergesse ich das allzu leicht, wenn ich mich in der nächsten Krise wiederfinde. Krisen können auch Auslöser oder Antrieb für neue Entwicklungen sein. Neue Denkweisen fordern uns heraus, unsere Art und Weise zu überdenken, wie wir die

Menschen in unserem Team sehen. Es könnte guttun, das für uns schwierige Verhalten einer Kollegin in einem anderen Licht zu betrachten und siehe da, anstatt Verurteilung entsteht Verständnis für sie. Es braucht einen positiven Blick auf die Menschen, jedes Teammitglied bringt das ein, wozu es fähig ist. Damit ist gemeint, dass nicht jeder Mitarbeiter an einem allgemeingültigen Standard gemessen wird, sondern seine Stärken treten in den Mittelpunkt. Ich möchte Sie ermuntern und auch inspirieren, Denkhaltungen für einen Neubeginn zu erkunden und dies am besten mit Ihrem ganzen Team.

Unser Miteinander ist immer in Entwicklung. Das gilt für jedes soziale System, wie Gruppen, Teams oder andere Formen von Gemeinschaften. So wie jeder Mensch einzigartig ist, ist auch jedes Team einmalig. Das ist ein Grund, warum es kein allgemeingültiges Rezept für die Resilienz von Teams geben kann.

Leider, oder besser gesagt zum Glück, gibt es keine allgemeingültigen Gesetze für eine erfolgreiche und gesunde Zusammenarbeit. Jedes Team muss sich auf seinen eigenen Weg machen. Mit einer bewussten Offenheit für Entwicklung ist dies einfacher. Die Rahmenbedingungen für die Entwicklung von Team-Resilienz sind manchmal ungünstig. Ich denke da an ein Aufnahmeteam in einer großen Klinik. Im Empfangsbereich geht es zu wie in einem Taubenschlag, ein Kommen und Gehen. Außerdem ist dieses Team phasenweise Baulärm ausgesetzt. Einige Mitarbeiter kommen mit privaten Problemen zur Arbeit. Die Nerven der Mitarbeiter liegen blank. Unfreundliche Worte in einem ärgerlichen Ton waren an der Tagesordnung. Das wiederum ist schwierig für die Patienten, die selbst im Krisenmodus in die Klinik kommen. Natürlich muss in diesem Fall der Umgang mit den Patienten verbessert werden. Die Mitarbeiterinnen waren selbstkritisch genug, um zu erkennen, dass ihre Ruppigkeit von Patienten und Ärzten als Problem empfunden wurde. Doch das Zusammenspiel dieser verschiedenen ungünstigen Bedingungen führte im Team zu einem hohen Stresslevel.

Leider oder zum Glück gibt es keine allgemeingültigen Gesetze für eine erfolgreiche und gesunde Zusammenarbeit.

In einer solchen Situation offen für Entwicklung zu sein, ist ziemlich anspruchsvoll. Es wird schnell gesagt, dass Resilienz im Team unter solchen Bedingungen kaum möglich ist. Auch ich als Resilienztrainer bin nicht frei von solchen Denkweisen. Eine ergebnisoffene Haltung und die Strategie der kleinen Schritte hat geholfen, kleine Veränderungen voranzubringen.

»Eine Reise von tausend Meilen beginnt mit dem ersten Schritt.«

Laotse (6. Jahrhundert vor Christus), chinesischer Philosoph

Ein Denken, das für schwierige Situationen geeignet ist, startet damit, die Welt aus einem etwas optimistischeren Blickwinkel zu betrachten: das Glas kann als halb voll oder halb leer angesehen werden – beide Betrachtungen sind korrekt – jedoch was macht uns glücklicher? Betrachten Sie die Entwicklung der Resilienz eines Teams als eine Abenteuerreise. Alle Teammitglieder reisen mit. Auf dieser Reise erfahren Sie mehr über sich selbst, übereinander und darüber, wie Sie angesichts des Wandels effektiv zusammenarbeiten können. Auf dieser Reise werden Sie Fähigkeiten entwickeln, die Sie benötigen, um angesichts des Wandels resilient zu sein. Schalten Sie um in eine neugierig-wertschätzende Haltung, so sind Sie offener für Neues und Ungewohntes. Ohne die Neugierde gäbe es vielleicht keine Glühbirnen oder Flugzeuge.

Packen Sie in den Reiseproviant eine große Dose Ausdauer. Team-Resilienz wird nicht im Sprint erreicht, sondern ist ein Langlauf. Eine Portion Achtsamkeit macht Sie auf die kleinen, feinen Unterschiede aufmerksam, die sonst im Alltag so leicht untergehen. Und feiern Sie Ihr Dranbleiben und Ihre Fortschritte.

3.

Gehirn unter Stress: Auswirkungen auf die Zusammenarbeit

Unser Gehirn hat eine starke, tief verwurzelte Überlebensreaktion, die in herausfordernden oder potenziell gefährlichen Situationen aktiviert wird. Es analysiert im rasanten Tempo jede Bedrohung. Ohne dass wir es merken, bewertet die Amygdala (ein Hirnareal unseres limbischen Systems) die Situation und vergleicht sie mit unseren früheren Erfahrungen. Wenn das Gehirn feststellt, dass wir ähnliche Herausforderungen in der Vergangenheit erfolgreich gemeistert haben, wird unsere innere Ruhe und Gelassenheit wiederhergestellt. Der Stressmodus wird aktiviert, sobald die Amygdala die Situation als schwierig oder bedrohlich einstuft: »Ich schaffe es nicht«. Sobald dies geschieht, beginnen Stresshormone unseren Organismus zu überfluten. Herzrasen und schnelleres Atmen sind typische körperliche Reaktionen auf stressige Situationen. Unsere körperlichen Reaktionen sind die Art und Weise, wie unser Gehirn signalisiert, dass wir aktiv werden müssen: kämpfen, fliehen oder gar erstarren. Die heutige Arbeitswelt hat eine Vielfalt von kleineren und größeren Stresssituationen zu bieten: Manche Personen brechen in Schweiß aus, wenn sie vor einer Gruppe von fünfzig Leuten sprechen müssen, andere schnauben vor Wut, während sie im Stau feststecken und nicht pünktlich zum Termin kommen, und wieder andere geraten in Panik, wenn sie feststellen, dass sie die vielen Aufgaben nicht erledigen können oder nicht allen Kunden einen guten Service bieten können. In lebensbedrohlichen Situationen ist unsere Stressreaktion von unschätzbarem Wert, denn sie ermöglicht es, schnell und angemessen auf die Gefahr zu reagieren, in der wir uns befinden. Doch seien wir ehrlich: Wie oft sind wir in unserer modernen Welt tatsächlich einer lebensbedrohlichen Situationen ausgesetzt?

Selbst wenn keine unmittelbare physische Gefahr besteht, wie zum Beispiel ein angreifender Säbelzahntiger, kann unsere Amygdala Situationen mit unserem Chef oder unseren Kollegen als potenzielle Bedrohung interpretieren. Dies kann die gleichen Stresshormone auslösen, als ob wir uns in echter Gefahr befänden, auch wenn objektiv keine Gefahr besteht. Das bedeutet, dass unser Gehirn und unser Körper durch psychischen Stress beeinträchtigt werden kann. Wie schon erwähnt, die körperlichen Symptome können wir spüren. Stress kann jedoch auch erhebliche psychologische und soziale Auswirkungen haben, die nicht ignoriert werden dürfen. Es ist wissenschaftlich erwiesen, dass Stress zu erhöhter Reizbarkeit und Streitlust, Rückzug und Isolation sowie zu aggressiverem oder passiverem Verhalten im Umgang mit anderen führen kann. Verantwortlich für diese Verhaltensveränderungen ist vor allem das Stresshormon Cortisol. Ist zu viel Cortisol im Organismus, überwindet es die Bluthirnschranke und findet seinen Weg ins Gehirn. Dort hat es eigentlich nichts zu suchen. Sobald Cortisol das Gehirn erreicht, verändert es die Aktivität der Neuronen und wirkt sich darauf aus, wie wir denken, fühlen und handeln. Diese Veränderungen manifestieren sich in der Art und Weise, wie wir mit uns selbst und unserer Umwelt interagieren. Cortisol kann unsere Emotionen, unsere Aufmerksamkeit und sogar unser Gedächtnis massiv verändern und ist somit mitverantwortlich, wie wir die Situationen und die Menschen wahrnehmen und interpretieren. Vereinfacht ausgedrückt, arbeitet unser Gehirn im Cortisol verseuchten Zustand nicht kooperativ, sondern verführt uns zu mehr egoistischem Verhalten. Stressforscher sagen: »Cortisol macht dumm«.

Nehmen Sie sich doch einmal ein paar Minuten Zeit und lassen Sie genau so eine von Cortisol gesteuerte Situation aus Ihrer Vergangenheit vor Ihrem inneren Auge vorbeiziehen. Wie bewerten Sie heute Ihr damaliges Verhalten?

Es ist eine Tatsache, dass wir unter Stress weder klar noch vernünftig denken können. Unser Verstand ist vernebelt, was es schwierig macht, Entscheidungen zu treffen und sinnvolle Prioritäten zu setzen. Unsere Arbeitsrealität wird dann verzerrt wahrgenommen. Auch uns selbst mit unseren Ressourcen und Stärken nehmen wir unrealistisch wahr. Weitere Auswirkungen sind: Eingeschränkte Wahrnehmung, was zu selektivem Zuhören, reduzierter Kommunikation und mehr Missverständnissen und Konflikten

Stress ist ein Killer für Team-Resilenz: Denn im Stress können wir nicht klar und vernünftig denken!

führt. Konzentrationsschwäche und Vergesslichkeit können ebenfalls die Folge von zu viel Cortisol sein. Dies kann zu Problemen beim Verstehen und Reagieren auf Gespräche sowie beim Treffen von Entscheidungen führen.

Persönliche Erfahrung

Wie schnell sich unsere Wahrnehmung einschränkt, möchte ich Ihnen an einer Erfahrung aus meinem Leben schildern. Vor Jahren hatte ich eine stressige Zeit mit einem Geschäftspartner. Eines Tages erhielt ich eine E-Mail von diesem Partner, in der er mich um etwas bat. Sofort spürte ich, wie mein Ärger aufstieg, als ich die Nachricht las: »Kennt diese Person das Wort ›bitte‹ nicht«? Ich legte die E-Mail schnell beiseite und machte mit meinem Tag weiter. Als ich mir die E-Mail später noch einmal ansah, bemerkte ich etwas, das mir im Moment des Ärgers entgangen war – das Wort »bitte« war in der Nachricht enthalten gewesen. Diese Erfahrung lehrte mich, wie schnell sich unsere Wahrnehmung durch Stresshormone verändert. In einem kurzen Moment des Ärgers hatte ich das »bitte« ausgeblendet.

Noch gibt es kein Medikament zum Abbau von Stresshormonen im Gehirn – vielleicht auch glücklicherweise. Es gibt jedoch verschiedene Möglichkeiten, Stresshormone im Körper abzubauen, hier eine kleine Auswahl: Bewegung, denn regelmäßige körperliche Aktivität hilft, Stresshormone abzubauen und die Produktion von Glückshormonen wie Endorphinen anzuregen. Bevor Sie auf den Kollegen losstürmen, Treppe rauf und runter. Jegliche Entspannungstechniken bringen uns wieder in innere Ruhe, wie zum Beispiel Yoga, Progressive Muskelentspannung, Autogenes Training, Neuroimagination® und andere Entspannungstechniken. Und letztlich ist ausreichender Schlaf wichtig, um Stresshormone abzubauen und das emotionale Gleichgewicht wiederherzustellen. Sie haben bestimmt schon die Erfahrung gemacht, nach einer guten Nacht, sieht die Welt schon wieder anders aus. Das sind jetzt ein paar Maßnahmen, die ein Teammitglied für sich tun kann.

Was kann jedoch ein ganzes Team tun, wenn es wieder heiß hergeht? Zum Beispiel mit einer kleinen Achtsamkeitsübung eine Besprechung starten. Offen und ehrlich über Stress zu sprechen und zu versuchen, die Ursachen zu identifizieren. Durch die Einbeziehung aller Teammitglieder können mögliche Lösungen gemeinsam erarbeitet werden. Pausen und kleine Auszeiten einlegen, um sich zu entspannen und den Kopf freizubekommen. Dies kann dazu beitragen, die Konzentration und Leistungsfähigkeit zu verbessern.

Aus meiner Sicht ist das Verständnis der neurobiologischen Auswirkungen von chronischem Stress auf unser soziales Verhalten entscheidend für die Kultivierung von Ruhe und Gelassenheit in einem Team. Wenn nur ein oder zwei Teammitglieder einen kühlen Kopf bewahren können, kann sich das äußerst positiv auf die Gesamtatmosphäre des Teams auswirken.

Auch hier wird wieder deutlich: Ein resilientes Team ist ein Prozess. Es kommt nicht darauf an, wie stressresistent jeder Einzelne ist. Für eine gute Team-Resilienz können schon wenige Köpfe mit Ruhe wie ein Booster wirken.

4.

Der Boden für Team-Resilienz: Psychologische Sicherheit

»Kein Gefühl raubt dem Geist in solch einem Ausmaß die Fähigkeit, zu handeln und klar zu denken, wie die Angst. Die Angst begrenzt unsere Fähigkeit zu wirksamem Denken und Handeln – sogar für die talentiertesten Mitarbeiterinnen.«

Edmund Burke (1729–1797),
Staatsphilosoph und Politiker in der Zeit der Aufklärung

»Effektive Teamarbeit ist nur in einer psychologisch sicheren Arbeitsumgebung möglich.« (Edmondson 2020: 196) Ich erweitere dieses Zitat, auch Team-Resilienz kann sich nur in einer psychologischen sicheren Umgebung entfalten. Psychologische Sicherheit ist nicht dasselbe wie Team-Resilienz, es gibt jedoch einen großen Bereich der Überschneidung. Meine Hypothese ist, dass psychologische Sicherheit den Boden darstellt, auf dem Team-Resilienz gedeihen kann. Ohne psychologische Sicherheit wird es für ein Team schwierig sein, sein inhärentes Resilienzpotenzial auszuschöpfen. Sie können selbst überprüfen, ob Sie sich meiner Hypothese anschließen wollen. Und ich freue mich, wenn Sie konstruktive Erweiterungen und Ergänzungen mir zukommen lassen. Wir alle sind und bleiben Lernende auf diesem Gebiet.

4.1 Was ist psychologische Sicherheit?

Ein kurzer Überblick über die Basics. Psychologische Sicherheit wird im Allgemeinen als eine Arbeitsatmosphäre bezeichnet, in der Menschen sich ausdrücken und sie selbst sein können. Mit anderen Worten, Mitarbeiter, die am Arbeitsplatz psychologische Sicherheit erfahren, fühlen sich ermutigt, ihre Meinung, ihre Bedenken, ihre Fehler und ihre Kritik zu äußern, ohne Angst vor Peinlichkeit oder Sanktionen zu haben. Sie vertrauen darauf, dass sie ihre Meinung sagen können, ohne negativ bewertet, gedemütigt, ignoriert oder getadelt zu werden. Die Art und Weise, wie sich Mitarbeiter untereinander verhalten, kann viel über die psychologische Sicherheit Ihres Teams aussagen. Wenn Sie sehen, dass Mitarbeiter mit den Augen rollen oder mit anderen nonverbalen Zeichen zum Ausdruck bringen, dass sie den Beitrag eines anderen nicht gutheißen, kann davon ausgegangen werden, dass sich die Teammitglieder psychologisch nicht sicher fühlen. Die Schaffung eines sicheren und unterstützenden Umfelds sollte für jede Führungskraft eine Priorität sein.

»Kurz gesagt, psychologische Sicherheit ist eine entscheidend wichtige Quelle der Wertschöpfung in Organisationen, die in einer komplexen, veränderlichen Umgebung arbeiten.« (Edmondson 2020: 218)

In einer sicheren Atmosphäre fühlen sich die Mitarbeiter frei, ihre Ideen einzubringen, Informationen auszutauschen und Fehler zu melden. Sie wagen es, auch kritische Dinge anzusprechen. Sie müssen sich weniger schützen. Wenn die Meinung Ihrer Teammitglieder am Arbeitsplatz eine Rolle spielt, ist das für die Krisenfähigkeit Ihres Teams von großer Bedeutung. Es zeigt, dass Ihnen als Führungskraft wichtig ist, was Ihre Teammitglieder zu sagen haben, und dass Sie bereit sind, ihnen zuzuhören. Dadurch fühlen sich Mitarbeiter wertgeschätzt und auch das Vertrauen untereinander ist stärker. Als Führungskraft spielen Sie eine entscheidende Rolle bei der Schaffung von psychologischer Sicherheit innerhalb Ihres Teams. Dieser Aspekt wird in einem späteren Kapitel näher beleuchtet. Des Weiteren erinnert dieses Konzept an New Work von dem Sozialphilosophen Frithjof Bergmann, auch dazu später mehr.

4.2 Woher kommt die Idee der psychologischen Sicherheit?

Das Konzept »Psychologische Sicherheit« ist nicht neu und wird schon länger unter den Fachexperten erforscht und für die Praxis diskutiert. Bereits in den sechziger Jahren wiesen Edgar Schein und Warren Bennis (Professoren am MIT) auf die Notwendigkeit psychologischer Sicherheit hin, die den Mitarbeitern helfen soll, mit Ungewissheit und Angst umzugehen, insbesondere bei Veränderungsprozessen. Edgar Schein vertrat die Ansicht, dass psychologische Sicherheit den Menschen helfen würde, sich auf das Erreichen gemeinsamer Ziele zu konzentrieren, anstatt sich selbst zu schützen. Die meisten von uns wollen in den Augen der anderen intelligent, fähig, positiv oder hilfreich erscheinen. Wir haben Angst, zwischenmenschliche Risiken einzugehen – etwa mit einer verrückten Idee oder mit einer Frage vor den anderen dumm dazustehen oder einen Fehler einzugestehen. Also schweigen wir, anstatt diese verrückte Idee einzubringen. Wir bemühen uns den Fehler unter den Teppich zu kehren und vertun die Chance, daraus zu lernen. Wie schade!

In ihrer Dissertation untersuchte und testete Edmondson die Idee, dass psychologische Sicherheit auf Gruppenebene entsteht. Psychologische Sicherheit ist also kein Persönlichkeitsmerkmal, sondern vielmehr ein Merkmal des Arbeitsplatzes oder noch genauer des Teamklimas. Und wie bereits erwähnt, können und müssen Führungskräfte einen wichtigen Beitrag dazu leisten. (Edmondson 2020: 588 ff.)

Psychologische Sicherheit manifestiert sich in Gruppen, Familien, unter Freunden, in Vereinen und Teams. Die schwer fassbare Gruppendynamik kommt einem schnell in den Sinn. Auch hier sagt die Forscherin, dass psychologische Sicherheit nicht das Ergebnis einer zufälligen Gruppendynamik ist. Bei ihren Untersuchungen wurde deutlich, dass einige Führungskräfte in der Lage waren, die Bedingungen für psychologische Sicherheit in ihren Teams wirksam zu schaffen, während dies anderen nicht gelang. Für psychologische Sicherheit ist jedoch nicht nur die Führungskraft verantwortlich. Es liegt also an allen, die psychologische Sicherheit zu schaffen und aufrechtzuerhalten. Mit dem richtigen Mindset und einem unterstützenden Umfeld kann jedes Team von psychologischer Sicherheit profitieren – mit positiven Auswirkungen auf alle Beteiligten. (Edmondson 2020: 534 ff.)

Psychologische Sicherheit ist nicht etwas, das der Persönlichkeit des Einzelnen eigen ist. Sie ist eine Eigenschaft einer Gruppe, die sich in den Interaktionen zwischen ihren Mitgliedern zeigt und manifestiert. Psychologische Sicherheit ist für jedes Team, das sein Bestes geben will, von großer Bedeutsamkeit. Edmondson beschreibt in ihren Forschungsarbeiten ein Teamklima, das von zwischenmenschlichem Vertrauen und gegenseitigem Respekt geprägt ist und in dem sich die Menschen wohlfühlen, wenn sie sie selbst sind. Es muss sich keiner verbiegen oder sich in einer ungesunden Weise anpassen.

4.3 Die Suche von Google nach dem perfekten Team

In diesem Kapitel erfahren Sie mehr über die überraschende Wahrheit, warum manche Arbeitsgruppen erfolgreich sind und andere scheitern.

Vor der Studie und leider auch noch nach der Studie dachten viele Top-Führungskräfte von Google: »Die besten Teams werden gebildet, indem man die besten und fähigsten Personen zusammenbringt«. Sie übernehmen auch andere allgemeine Weisheiten, wie zum Beispiel »Es ist besser, Introvertierte zusammenzubringen«, sagte Abeer Dubey, ein Manager der Google Personalanalyseabteilung. Aber es hat sich herausgestellt, dass niemand wirklich untersucht hat, was davon wahr ist. (Duhigg 2016)

»Das Ganze ist größer als die Summe seiner Teile.«

Aristoteles (384–322 vor Christus),
griechischer Universalgelehrter

Sind Sie der Meinung, dass die Zusammenstellung eines erfolgreichen und belastbaren Teams nur talentierte Mitarbeiter erfordert? Glauben Sie, dass ein hohes Gehalt für gute Leistungen der Mitarbeiter unerlässlich ist? Was sind Ihre Grundwerte, wenn es um den Aufbau Ihres Teams geht? Die Ergebnisse der Studie sind verblüffend und offenbaren einige überraschende Wahrheiten. Auf der Grundlage der von Edmondson durchgeführten Forschung führte Google 2012 eine Studie mit dem Titel »Project Aristotle« durch. Die Untersuchung zog sich über fünf intensive Jahre. Ziel der Studie war es, das Verständnis dafür zu verbessern, was ein Team erfolgreich macht. (Rozovsky 2015)

In einem ersten Schritt sind die Begriffe »Team« und »effektiv« definiert worden. Anschließend sind insgesamt einhundertachtzig Arbeitsteams bei Google untersucht worden, darunter sowohl leistungsschwache als auch leistungsstarke Teams. Die Forscher untersuchten eine große Menge an Daten und doch war es nicht gelungen, Muster oder Beweise dafür zu finden, dass die Teamzusammensetzung einen Einfluss hat. Das Wer in der Gleichung schien keine Rolle zu spielen. Nach der Untersuchung von mehr als hundert Gruppen kamen die Forscher des Projekts Aristoteles zu dem Schluss: »Das Verständnis und die Beeinflussung von Gruppennormen ist der Schlüssel zur Verbesserung von Google-Teams.« (Rozovsky 2015) Die Untersuchungen haben ergeben, dass Teams mit einer positiven Kultur erfolgreicher sind als solche ohne. Der wichtigste Faktor für die Kultur eines Teams sind die Gruppennormen. Daher ist es für ein erfolgreiches Team unerlässlich, positive Gruppennormen zu schaffen und zu erhalten. Der Schlüssel zum Erfolg lag also darin, wie sicher sich die Teammitglieder bei der Zusammenarbeit und beim Austausch fühlten. Es war das Wie der Zusammenarbeit, das zu dieser Sicherheit führte. Das Wie manifestiert sich in der Kultur eines Teams, nach welchen Gruppennormen Menschen zusammenarbeiten. So entsteht ein gesundes und stabiles Wir. Es wurde zum Beispiel die konkrete Gruppennorm gelebt, Risiken im Umgang untereinander einzugehen, ihre Meinung zu sagen und über Fehler zu sprechen, auch wenn sie nicht wussten, wie die anderen Gruppenmitglieder reagieren würden. Die Bereitschaft, Risiken einzugehen und offen zu sprechen, ist eine wesentliche Voraussetzung dafür, dass ein Team effektiv arbeitet und seine Ziele erreichen kann.

Aus der Praxis: Ein Krankenpfleger arbeitet unter einem Professor, der eine weltweit bekannte Koryphäe auf seinem Gebiet ist. Der Professor ist jedoch dafür bekannt, dass er in der Zusammenarbeit mit dem Pflegepersonal schwierig ist. In mehreren Supervisionssitzungen mit dem Stationsteam wurde an einer offenen und ehrlichen Kommunikation untereinander gearbeitet. Das hat ein Krankenpfleger in eine Besprechung mit dem Professor mitgenommen. Er drückte seine Verärgerung über die Art und Weise, wie er behandelt wurde, mit drastischen Worten aus. Der Professor zeigte sich überrascht und sagte erst mal nichts. Nachdem er so ein klares Feedback erhalten hatte, änderte der Professor sein Verhalten und interagiert nun mit dem Pflegepersonal auf respektvolle Weise. Er hat sich nach dieser Rückmeldung gezielt bemüht, seinen Kommunikationsstil positiv zu verändern, was zu besseren Beziehungen und einer besseren Zusammenarbeit geführt hat. Die Pflegekräfte werden jetzt mehr gehört und miteinbezogen. Der Krankenpfleger ging in die Rolle des Vortänzers und wagte mutig die offene Rückmeldung an den Professor. Das Risiko hatte sich gelohnt und die ganze Station lebt eine bessere Zusammenarbeit. Sehr schön zeigt das kurze Video diesen Prozess: »Leadership Lesson – First Follower« (Lean Factory 2017).

Je öfter Teammitglieder die Erfahrung machen, dass sie offen und ehrlich miteinander kommunizieren dürfen, können und sogar sollen, umso mehr festigt sich die Überzeugung, dass die Teammitglieder für das, was sie sagen, nicht bloßgestellt, gemaßregelt oder sogar beschämt werden. In solchen Teams muss sich niemand Sorgen machen, dass der Rest des Teams ihn verurteilen könnte. Sie wissen, dass sie alle im selben Boot sitzen und gegenseitiges Vertrauen essenziell ist, wenn sie Erfolg haben wollen. Ein Teamklima, das von zwischenmenschlichem Vertrauen und gegenseitigem Respekt geprägt ist, ist ein Klima, in dem sich die Menschen dabei wohlfühlen, sie selbst zu sein. »[...] in einer psychologisch sicheren Arbeitsumgebung werden die Mitarbeiter nicht durch zwischenmenschliche Angst behindert.« (Edmondson 2020: 202) Ein angstfreies Klima ermöglicht Kreativität und eine gelingende Zusammenarbeit sowie ein Gefühl der Sicherheit und Zugehörigkeit. Zusätzlich steigt die Freude an der Zusammenarbeit.

Die Rolle der Führungskraft in der Teamkultur ist von großer Bedeutung. Wenn eine Führungskraft als direkt und unkompliziert erlebt wird, schafft dies einen sicheren Raum, in dem jedes Teammitglied Risiken eingehen und Fehler offen ansprechen kann. Andererseits untergräbt eine Führungskraft, die ihre Emotionen schlecht kontrollieren kann und Mikromanagement betreibt, die psychologische Sicherheit. Auch andere Kriterien scheinen wichtig zu sein, wie zum Beispiel sicherzustellen, dass sich die Teams klare Ziele setzen und eine Kultur der Zuverlässigkeit schaffen. Die Daten von Google zeigten jedoch, dass die psychologische Sicherheit mehr als alles andere für das Funktionieren eines Teams entscheidend ist. Aus dem »Projekt Aristoteles« kam man zur Erkenntnis, dass die Herstellung psychologischer Sicherheit ein komplexes und unvorhersehbares Unterfangen sein kann. Doch gerade diese Herausforderung macht es umso wichtiger, dranzubleiben. Die Belohnung ist die Mühe wert.

4.4 So setzen Sie psychologische Sicherheit im Team um

Es gibt nicht den einen richtigen Weg, um psychologische (emotionale) Sicherheit am Arbeitsplatz zu schaffen. Jedes Unternehmen, jede Führungskraft und jedes Team sind herausgefordert, ihren/seinen eigenen Weg zu finden. Experimentierfreudigkeit und Mut sind hilfreiche Reisebegleiter. Im Folgenden beschreibe ich wichtige Eckpfeiler, wie psychologische Sicherheit aufgebaut werden kann.

Der Bezugsrahmen für die komplexe Arbeitswelt

Heutzutage müssen Aufgaben oft in einem komplexen Umfeld erledigt werden und so manches Mal unter hohem Zeitdruck. Daher ist es eine Herausforderung, Aufgaben gut oder manchmal auch fehlerfrei zu erledigen. Ein wichtiger vielleicht sogar der wichtigste Schritt ist, einen neuen Bezugsrahmen für die moderne Arbeitswelt zu entwickeln. Dazu gehört vor allem, das Scheitern und Fehler mit einer neuen mentalen Brille zu betrachten. Nur wenn Mitarbeiter die emotionale Sicherheit haben, dass es in Ordnung ist, über Fehler offen zu sprechen, werden sie es tun. Es sollte sogar erwünscht sein, auch dem Vorgesetzten gegenüber Kritik zu äußern. Dann steigt die Wahrscheinlichkeit, dass die übliche Schweigewand durchbrochen wird. Die Angst vor dem Scheitern und vor Fehlern ist ein zentrales Merkmal eines Umfelds mit geringer psychologischer Sicherheit. Deshalb ist es für Führungskräfte so wichtig, selbst den Blick auf Fehler kritisch zu reflektieren und dies auch seinen Mitarbeitern zu vermitteln. (Vgl. Edmondson 2020: 3308 ff.)

Es geht darum, Scheitern und die damit einhergehenden Fehler einen angemessenen Rahmen zu verpassen. Das sieht für jedes Arbeitsumfeld anders aus. So erwarten zum Beispiel die Patienten in einem Krankenhaus, dass sie fehlerfrei behandelt werden. Viele voneinander abhängige Abteilungen sind an diesem Prozess beteiligt – die Ärzte, das Pflegepersonal, Physiotherapeuten und das Labor. Sie konkurrieren oft miteinander darum, welche Leistung die höchste Priorität hat. Dies kann zu Koordinationsproblemen zwischen diesen Abteilungen führen und stresst obendrein. Ursache ist das typische Silodenken und das verschärft diese Problematik. (Vgl. Edmondson 2020: 3198 ff.) In meinen Teamentwicklungen in Kliniken höre ich oft, wie der schwarze Peter auf eine andere Berufsgruppe abgeschoben wird. Die anderen sind schuld, dass die eigenen Aufgaben so schwer zu erledigen sind. Hinzu kommt die Hierarchie. So traut sich eine Pflegefachkraft oft nicht, einen Arzt auf einen Fehler hinzuweisen, obwohl sie den Patienten meist besser kennt. In einer sicheren Umgebung traut sich eine Pflegekraft zu widersprechen. Doch wie oft bleibt eine Pflegekraft eher still und sagt nichts – manchmal mit fatalen Folgen.

»Mut kann heißen, einem Vorgesetzten zu widersprechen.«

Florian Pfaff (*1957), Bundeswehrmajor a. D.

Ein erster wichtiger Schritt ist die Erkenntnis, dass die Aufgabenerledigung in einem fragilen und komplexen System erfolgen muss, was natürlicherweise zu Fehleinschätzungen und Schadensfällen führen kann. Kommt ein hoher Zeitdruck dazu, erhöht das die Gefahr für Fehler. Gerade die Coronapandemie hat uns gelehrt, was heute gilt, ist morgen schon überholt. Sind das jetzt Fehler, hätten die Experten es besser wissen müssen. Nein, sie konnten es gestern nicht besser wissen und Handlungsweisen müssen überdacht und korrigiert werden.

Es ist wahrlich kein Luxus, sich über die Rahmenbedingungen der heutigen Arbeitswelt im Klaren zu werden. Ich glaube, das wird leicht übersehen. Die sich verändernden Bedingungen erfordern andere Annahmen oder Überzeugungen darüber, wie wir in der modernen Welt unsere Arbeit gut erledigen können. Wir alle sehen Arbeitssituationen durch unseren mentalen Bezugsrahmen. Unser Fokus ist auf die Situation selbst gerichtet und wir bemerken normalerweise nicht die Auswirkungen unserer inneren Denkhaltungen auf die anderen Abteilungen. Es fehlt der systemische Blick. Diese inneren Denkhaltungen beeinflussen auf subtile Weise, wie wir über das, was gerade passiert, denken, fühlen und handeln. Wie oft glauben wir, unsere eigene Wahrnehmung der Welt sei richtig, dabei bleiben die Verzerrungseffekte unserer mentalen Brille unberücksichtigt.

Ich möchte Ihnen das an einem Beispiel in der Klinik veranschaulichen. In einer Klinik passiert ein medizinischer Fehler. Wenn jetzt die Schuldfrage gestartet wird, entsteht bei allen Beteiligten Angst: Habe ich den Fehler gemacht? Was denken jetzt mein Vorgesetzter und meine Kollegen von mir? Welche Folgen hat es für den Patienten? Sie können sich vorstellen, wie viel Stress und Druck entsteht. Es wird alles getan, damit der Fehler nicht mehr vorkommt – noch mehr Druck im System. Selbstverständlich ist das Ziel, Fehler zu vermeiden, gerade wenn es um Menschenleben geht. Deshalb empfehle ich Ihnen nicht, das Gegenteil davon zu machen und medizinische Fehler einfach hinzunehmen. Darum geht es hier nicht. Es geht vielmehr darum, den medizinischen Fehler in einem größeren Bezugsrahmen zu verstehen. Es könnte sein, dass die Pflegekraft gerade allein auf der Station war und gleichzeitig mehrere Dinge tun musste. Schon steigen wir aus der Schuldsuche aus und es entsteht mehr Verständnis. Das führt zu einem erweiterten Blick auf Fehler. Ohne diese leidliche Schuldsuche kann ein Stationsteam leichter darüber sprechen, wie sie in Zukunft einen Fehler verhindern oder zumindest deutlich reduzieren kann.

Schaffen Sie gemeinsam die Voraussetzungen für eine offene Diskussion über Fehler. Das ist vor allem die Aufgabe der Führungskraft. Dabei ist besonders wichtig, das gemeinsame Ziel in den Fokus zu stellen und eben nicht die Schuldfrage ewig zu diskutieren. Die Hauptverantwortung der Führungskraft besteht darin, ein offenes Umfeld zu schaffen, in dem die Mitarbeiter ohne Angst über Fehler sprechen können. Diese offene Atmosphäre ist wichtig, um eine Kultur des Lernens und der kontinuierlichen Verbesserung zu fördern. Indem sie sich auf das Ziel konzentrieren, die Patienten zu heilen, anstatt sich gegenseitig wegen der Hinweise auf Fehler zu streiten. Durch die Sensibilisierung der Menschen für die komplexe und fehleranfällige Arbeit, die in einem Krankenhaus stattfindet, kann leichter ein Raum für Ehrlichkeit und Offenheit entstehen.

Das gilt auch für Unternehmen anderer Branchen, denn auch hier ist die Arbeit mittlerweile sehr komplex geworden. Es entlastet enorm, wenn es einen wertschätzenden und offenen Dialog über schwierige Themen gibt. Die Mitarbeiter sind dann mutiger, ihre eigene Sichtweise einzubringen und offen zu diskutieren. Wir alle haben unbewusste Denkgewohnheiten, die unsere Fähigkeit einschränken können, neue Möglichkeiten bei der Arbeit zu sehen. Um aus diesem Trott auszubrechen, müssen wir unserem Denken bewusst einen neuen Bezugsrahmen geben. Das bedeutet, dass wir die gewohnten Denkweisen hinter uns lassen und die Dinge auf eine neue Art und Weise betrachten. Nur dann können wir angemessen mit Scheitern umgehen und etwas Neues schaffen. Lassen wir Sätze wie »Das haben wir schon immer so gemacht« oder »Das haben wir noch nie so gemacht« hinter uns. Viel hilfreicher ist »Das können wir besser«! und »Wie kriegen wir das gemeinsam hin?« – »Was fällt uns Kluges ein?«

Ein wichtiger Aspekt bei der Formulierung des Bezugsrahmens ist es, den Menschen klarzumachen, dass Scheitern und Fehler unvermeidlich sind. Steigen Sie aus der personalisierten Schuldsuche aus, nehmen Sie die Rahmenbedingungen in den Blick und verändern Sie diese auf eine Weise, die gute Arbeit ermöglicht. Aber auch die Mitarbeiter sind bezüglich des Bezugsrahmens gefragt. Die Art und Weise, wie die meisten Mitarbeiter ihren

Mutiges Scheitern
– die Kraft, die
vorwärts treibt.

Chef sehen, ist wichtig für die Schaffung eines neuen Bezugsrahmens. Ich setze da sehr auf die jüngere Generation, die selbstbewusster gegenüber Autoritäten auftritt und mit viel weniger Bedenken, ihren Beitrag einbringt. Gewohnte Denkweisen bewusst zu machen und zu korrigieren, öffnet die Tür zu neuen Möglichkeitsräumen.

Einladung zur Mitgestaltung

Es reicht nicht aus, als Führungskraft einen gesunden Bezugsrahmen herzustellen und zu einem offenen Dialog über Fehler und schwierige Themen einzuladen. Das ist ein erster wichtiger Schritt. Es braucht auch die Mitarbeiter im Boot. Das passiert nicht automatisch. Auch wenn Mitarbeiter wissen, sie dürfen über Fehler und Schwierigkeiten offen sprechen, tun sie das nicht unbedingt. So ist ein weiterer Eckpfeiler bei der Schaffung der Voraussetzungen für psychologische Sicherheit die Betonung des Sinns der Arbeit. Schaffen Sie einen Arbeitsbereich, der für den einzelnen Mitarbeiter ein Mindestmaß an Bedeutung hat. Das ist kein einmaliger Akt, sondern ein kontinuierlicher Prozess. Das gilt auch für die Führungskraft selbst. Viktor E. Frankl, österreichischer Psychiater und KZ-Überlebender, hielt den Sinn in der persönlichen Erfahrung für einen zentralen Aspekt des Menschseins.

Selbst wenn die Arbeit offensichtlich sinnvoll ist (zum Beispiel die Pflege kranker Menschen), sollten sich die Führungskräfte die Zeit nehmen, um zu betonen, welchem Zweck die Organisation dient. Das größere Bild wird im Alltagstrubel leicht aus den Augen verloren. Die Aufgabe der Führungskräfte besteht darin, die Mitarbeiter wieder in einen psychologischen Zustand zu versetzen, in dem sie wissen, wie wichtig ihre Arbeit ist. Dies ermöglicht es ihnen auch, die zwischenmenschlichen Risiken zu überwinden, die sie bei der Arbeit erleben.

Auch Führungskräfte täten gut daran, innezuhalten und darüber nachzudenken, was sie motiviert und die Arbeit der Organisation für die Gemeinschaft wertvoll macht. Wenn sie dies getan haben, sollten sie sich fragen, wie oft und wie entschlossen sie die Bedeutsamkeit der Arbeit mit anderen teilen. Zahlreiche psychologische Studien haben gezeigt, dass das Erleben von Sinn und Bedeutung in unserem Leben und bei unserer Arbeit ein Grundbedürfnis von uns ist.

Wie bedeutsam erleben Sie Ihre Arbeit und was motiviert Sie als Führungskraft, morgens aufzustehen und zur Arbeit zu gehen? In einem Workshop mit Führungskräften habe ich genau diese Frage gestellt. Es folgte vor allem Schweigen und eine Führungskraft meinte dann in einem leicht zynischen Ton »Das wollen Sie nicht wirklich wissen«. In der Antwort schwang eine Portion Frust mit. Es versteht sich von selbst, dass so eine Führungskraft die eigenen Mitarbeiter mit dieser Haltung eher demotiviert, als sie zu inspirieren. Suchen Sie nach einer inspirierenden und ehrlichen Möglichkeit, zur Mitgestaltung einzuladen. Mitarbeiter haben gute Ideen und wissen am besten, wie Abläufe verbessert werden können.

Wie kann die Mitgestaltung der Mitarbeiter leichter gelingen? Mitarbeiter wollen sich selbst vor unangenehmen Reaktionen schützen, deswegen sind viele eher still. Man denkt, da kann man nicht so viel falsch machen, aber auch nicht aktiv mitgestalten. In einem Unternehmen wurde ein wöchentlicher Dialograum etabliert. Dort konnten alle Mitarbeiter ihr Anliegen einbringen, auf Missstände hinweisen und auch ethische Fragestellungen offen diskutieren. Die Mitarbeiter sind hingegangen, doch nur wenige beteiligten sich aktiv und die brennenden Thematiken wurden eher ausgespart. Das ist nicht Sinn der Sache. Zwei Verhaltensweisen von Führungskräften, die zeigen, dass eine Einladung aufrichtig ist, sind situationsbezogene Demut und das Stellen von Fragen. Ja, Sie haben richtig gelesen, es geht um eine demütige Haltung. Angesichts der komplexen, dynamischen und unsicheren

Welt, in der wir alle heute arbeiten, ist eine demütige Haltung das einzig realistische Mittel. (Vgl. Edmondson 2020: 3454 ff.) Es ist an der Zeit, den Wert der Demut und ihre Kraft wieder zu entdecken. Edgar Schein (Professor am MIT), nennt diese Haltung »Hier-und-Jetzt-Demut«. Demut bedeutet zu erkennen, dass wir nicht alles wissen und die Zukunft nicht vorhersehen können. Auch eine Führungskraft sitzt nicht vor einer Kristallkugel und kann alles vorhersagen.

Die Forschung hat gezeigt, dass Teams ein stärkeres Lernverhalten an den Tag legen, wenn ihre Führungskräfte Demut zeigen. (Owen/Michael/Johnson/Mitchell 2013: 1517–1538) Diese Art von Demut beinhaltet, dass auch Führungskräfte offen zu ihren Fehlern und Schwächen stehen. Damit ist nicht ein künstliches Kleinmachen gemeint. Es ist gerade in leistungsorientierten Kulturen schwierig, Demut zu zeigen, weil Wissen und dessen Zurschaustellung bewundert werden. Geht eine Führungskraft ins Nicht-Wissen, kann das so aussehen, als würde man seinen Status aufgeben und schwach sein. Wenn eine Führungskraft zu selbstbewusst oder arrogant auftritt, führt das oft zu dem Ergebnis: mehr Angst, weniger Motivation und weniger Risikobereitschaft im Umgang miteinander. In Abteilungen dagegen, in denen die Mitarbeiter das Gefühl haben, dass die Führungskräfte auch nicht alles wissen und die ihre Mitarbeiter zu Beteiligten machen, herrscht eine größere psychologische Sicherheit. Dies führt zu einem besseren Lernen aus Fehlern und einer besseren Leistung der Abteilung. (Hirak/Peng/Carmeli/Schaubroeck 2012: 107–117) Führungskräfte, die ansprechbar und zugänglich sind, ihre Fehler zugeben und proaktiv zur Mitgestaltung einladen, tragen viel zum Aufbau und zur Stärkung der psychologischen Sicherheit in ihren Organisationen bei. Es gibt also tatsächlich wirksame Methoden. Es sind vielleicht etwas ungewöhnliche Methoden und nicht unbedingt die erste Wahl. Einfach ausprobieren.

Daran schließt sich jetzt das proaktive Nachfragen an. Es ist entscheidend, gute Fragen zu stellen, und zwar aus einer respektvollen Haltung heraus. Die Worte sollten aufrichtiges Interesse ausdrücken und zum Nachdenken anregen. Anstatt zu fragen: »Wo war es in der Zusammenarbeit in der letzten Woche schwierig«? Lieber in diese Richtung fragen: »Ist Ihre Zusammenarbeit in der letzten Woche so gelaufen, wie Sie es gerne hätten«? Diese Frage lädt die Menschen ein, an ihre Ziele zu denken und ist weniger defizitorientiert. Edmondson beschreibt weiterhin, wie eine Kinderklinik die Praxis namens »Schuldfreies Berichten« einführte. Das ist ein System, das Mitarbeiter einlädt, vertraulich über Risiken und Fehler, die beobachtet werden, zu berichten. (Vgl. Edmondson 2020: 3246 ff.) Ich finde das eine bemerkenswerte Praxis und ich glaube, dass es dafür viel Offenheit und emotionale Sicherheit, braucht, denn es kann leicht als unangenehmes Kontrollsystem empfunden werden, bekannt unter dem Namen: »Mystery Customer«.

Wechseln Sie von der Kultur des Wissens und Sagens in eine Kultur des interessierten Nachfragens. In einer Kultur des Sagens haben Fragen keinen hohen Stellenwert. Ich denke, es ist auch eine Überforderung der Führungskraft, wenn davon ausgegangen wird, dass sie alles wissen sollte. Ehrliche Fragen sind ein Zeichen des Respekts für die andere Person – ein wichtiger Bestandteil der psychologischen Sicherheit. Dazu Edgar Schein: »Wir müssen besser im Fragenstellen werden und weniger erklären. Erklären wird sehr schnell als Belehrung empfunden und schon taucht innerer Widerstand auf.« (Schein 2016: 21) Schein hat dem Thema »Fragen stellen« ein ganzes Buch gewidmet und der Inhalt ist sehr empfehlenswert. Er beschreibt das Konzept des »Humble Inquiry« als Kunst des vorurteilslosen Fragens. »Humble Inquiry ist die hohe Kunst jemanden zu fragen, Fragen zu stellen, deren Antwort man noch nicht kennt, eine Beziehung aufzubauen, die auf Neugier und Interesse am anderen Menschen basiert.« (Schein 2016: 20)

Nichtwissen: Ein weißes Blatt, das von allen gestaltet werden kann.

Das bedeutet insbesondere für Führungskräfte einen Paradigmenwandel, denn sie müssen sich in den Status des Nichtwissens begeben. In unserer Leistungsgesellschaft wird jedoch das Gegenteil von Führungskräften erwartet; sie sollen alles wissen und können. Was für eine Überforderung! Außerdem kann sich kein Unternehmen mehr leisten, auf das Wissen, Können und die Informationen von Mitarbeitern zu verzichten. Mitarbeiter aller Ebenen verfügen häufig über Informationen, die Fehler verhindern oder abmildern können, aber sie werden aus Angst nicht an die höheren Ebenen weitergegeben oder noch schlimmer von oberen Etagen ignoriert.

Wenn ich mit der Führungsebene spreche, versichern sie mir meistens, dass sie offen für die Ideen der Mitarbeiter sind und auch aktiv nachfragen, aber es kommen keine Ideen. Spreche ich jedoch mit den Mitarbeitern in diesen Organisationen, sagen sie mir, dass sie Unbehagen haben, Verbesserungsideen einzubringen. Die Führungskraft könnte möglicherweise den Eindruck bekommen, man sei besserwisserisch. Manche haben es schon versucht, aber darauf wurde nicht reagiert oder sie wurden gar nicht zur Kenntnis genommen. Noch schlimmer steht es um negative Nachrichten: »Schlechte Nachrichten wollen die da oben nicht hören und oft sind sie auch nicht offen für gute Ideen«. Daraus schließen sie, dass es nicht gewünscht ist. Also bleiben sie still. Unter Umständen kann das fatale Folgen haben. Es ist seit Langem bekannt, dass schlechte Nachrichten in der Regel nicht die höheren Ebenen des Unternehmens erreichen. Aber nicht nur schlechte Nachrichten werden nicht weitergegeben, auch richtig gute Ideen finden den Weg nicht nach oben.

Pflegekräfte und chirurgische Assistenten fühlen sich oft unwohl, wenn sie einen Arzt darauf aufmerksam machen, dass er im Begriff ist, einen Fehler zu machen. Kommt eine Pflegekraft aus einem Kulturkreis, in dem Autoritäten niemals kritisiert werden dürfen, dann ist das Schweigen an der Tagesordnung. Dieses Phänomen gibt es in allen Branchen. Mitarbeiter fühlen sich häufig unsicher und unwohl dabei, die eigene Führungskraft zu kritisieren und eigene Ideen einzubringen.

Wie kann eine sichere Umgebung erzeugt werden? Hier ist vor allem die Führungskraft in der Pflicht. Die Führungskraft ist auf der einen Seite weisungsbefugt und auf der anderen Seite abhängig von der Leistungserbringung der Mitarbeiter. Die Schaffung eines sicheren und offenen Umfelds, in dem sich die Mitarbeiter wohlfühlen, wenn sie Bedenken äußern, ist für die Aufrechterhaltung psychologischer Sicherheit unerlässlich. Vorgesetzte sollten eine Atmosphäre des Vertrauens und des Respekts schaffen, in der die Mitarbeiter das Gefühl haben, dass ihr Beitrag wichtig ist und geschätzt wird. Außerdem sollten die Mitarbeiter ermutigt werden, ihre Meinung zu äußern oder wenn sie Bedenken bezüglich der Handlungen eines Vorgesetzten oder auch der Kollegen haben. Denken Sie gerne über eine demütige Haltung nach.

Ein weiterer Eckpfeiler bei der Schaffung psychologischer Sicherheit ist die Betonung der Bedeutsamkeit und des Sinns der Arbeit. Selbst wenn die Arbeit offensichtlich sinnvoll ist (zum Beispiel die Pflege kranker Menschen), sollten sich die Führungskräfte die Zeit nehmen, um zu betonen, welchem Zweck die Organisation dient. Das größere Bild geht im Alltagstrubel leicht verloren.

Vor Jahrhunderten arbeiteten drei Maurer an den Mauern einer Kathedrale. Als sie von einem Passanten gefragt wurden, was sie da machten, antwortete der erste Maurer schlicht: »Ich bearbeite einen Stein.« Der zweite Maurer, der dasselbe tat, sagte müde: »Ich baue eine Mauer«. Aber der dritte Maurer erklärte stolz: »Ich baue eine Kathedrale!«

Die Aufgabe der Führungskräfte besteht darin, die Mitarbeiter wieder in einen psychologischen Zustand zu versetzen, in dem sie wissen, wie wichtig ihre Arbeit ist. Dies ermöglicht es ihnen auch, die zwischenmenschlichen Risiken zu überwinden, die sie bei der Arbeit erleben. Auch Führungskräfte täten gut daran, innezuhalten und darüber nachzudenken, was ihre Arbeit bedeutsam und wertvoll macht. Wenn sie dies getan haben, sollten sie sich fragen, wie oft und wie energisch sie diese inspirierende Bedeutung der Arbeit mit anderen teilen. Zahlreiche psychologische Studien haben gezeigt, dass das Erleben von Sinn und Bedeutung in unserem Leben und bei unserer Arbeit ein Grundbedürfnis von uns ist. Suchen Sie nach einer inspirierenden und ehrlichen Möglichkeit, zur Mitgestaltung einzuladen. Natürlich frisst uns an manchen Tagen das Tagesgeschäft auf und dann wollen wir den Arbeitstag so gut wie möglich überstehen. Sinn und Bedeutsamkeit gehen dann leider verloren. Laden Sie Ihr Team ein, in regelmäßigen Abständen über die Bedeutung und Wichtigkeit Ihrer Arbeit nachzudenken.

Wertschätzend reagieren

Jetzt, da die Mitarbeiter ihre Meinung sagen, beginnt die wahre Prüfung für die Führungskraft. Nicht jede Äußerung wird der Führungskraft gefallen, und es kann durchaus vorkommen, dass eine Äußerung Wut auslösen kann. Von einer Führungskraft kann man erwarten, dass sie zumindest meistens ihre Impulse kontrollieren können und den Ärger nicht ausagieren. Vor allem sollte sie es zu würdigen wissen, dass ein Mitarbeiter Schwierigkeiten mutig anspricht.

Um psychologische Sicherheit zu schaffen, sind Bedingungen erforderlich, die zur Mitarbeit einladen und tatsächlich ein Gefühl der Sicherheit vermitteln. Wenn ein Chef jedoch mit Wut oder Geringschätzung reagiert, sobald jemand ein Problem anspricht, wird diese Sicherheit schnell verschwinden und es wird über Probleme geschwiegen. Stellen Sie sich vor, ein Abteilungsleiter will von seinem Mitarbeiter wissen, wie gut er gerade mit seiner Arbeit klarkommt. Der Mitarbeiter fasst sich ein Herz und sagt ehrlich und offen, was gerade Sache ist. Daraufhin der Abteilungsleiter, das ist jetzt aber eine sehr negative Sichtweise, so schlimm ist es auf keinen Fall. Diese Antwort hinterlässt beim Mitarbeiter ein unangenehmes Gefühl und er gewinnt nicht den Eindruck, dass der Abteilungsleiter wirklich an einer ehrlichen Antwort interessiert ist. Schade, wieder eine Gelegenheit vertan. Keine erfundene Geschichte, das passiert sehr häufig. Stellen Sie sich vor, der Abteilungsleiter hört wirklich interessiert zu. Beim neugierigen Zuhören erfährt der Abteilungsleiter viel darüber, was gerade in seiner Abteilung vor sich geht – vielleicht auch schiefläuft. Am Schluss bedankt sich der Abteilungsleiter für die ehrliche Antwort. Und was glauben Sie, wie fühlt sich ein Mitarbeiter, dem wirklich zugehört wird?

Auch wenn die Schilderung dieses Mitarbeiters seine individuelle Sichtweise darstellt, ist es wichtig, dass die Antwort als erstes gewürdigt wird. Dann kann der Abteilungsleiter immer noch seine Sichtweise schildern oder auch auf positive Entwicklungen hinweisen. Viele Mitarbeiter sind es gewohnt, dass ihnen nicht zugehört wird. Sie befürchten Schuldzuweisungen und negative Konsequenzen, wenn sie Kritik äußern, dann sagen sie lieber nichts. Wertvolle Informationen für die Unternehmensentwicklung bleiben unter der Schweigedecke verborgen. Es ist so bedeutsam, Menschen für ihre Bemühungen wertzuschätzen, erst mal unabhängig vom Ergebnis. Anerkennung für Engagement ist besonders wichtig in unsicheren Umgebungen, in denen gute Ergebnisse nicht immer das Ergebnis guter Prozesse sind. Wird der Einsatz gewürdigt, ermutigt das zu weiterem Einsatz. Wird lediglich das Ergebnis wahrgenommen, erzeugt das Druck für weitere gute Ergebnisse. Loben Sie also Ihr Team für seinen Einsatz, auch wenn die Ergebnisse nicht so ausfallen, wie Sie es sich erhofft haben. Das hilft dem Team, dranzubleiben, auch wenn die Dinge schwierig werden. Ein Growth Mindset hilft, auf den Einsatz zu schauen und weniger nur das Ergebnis im Blick zu haben. Ein Growth Mindset ist die ermutigende Überzeugung, dass jeder Mensch das

Potenzial hat, seine Fähigkeiten, seine Intelligenz und seine Leistung durch Anstrengung und Lernen auszubauen und zu entwickeln. Im Gegensatz zum Fixed Mindset, das davon ausgeht, dass Intelligenz und Fähigkeiten statisch und unveränderlich sind, fördert ein Growth Mindset eine Haltung der kontinuierlichen Verbesserung, die zu verstärktem Lernen, größerem Erfolg und besserer Leistung führt.

Ich gehe noch einen Schritt weiter, die Führungsebene und die unmittelbare Führungskraft muss um die Probleme und Schwierigkeiten in einem Team wissen. Schart die Führungskraft eine Gruppe von Ja-Sagern und Schweigenden um sich, fällt das früher oder später dem Unternehmen auf die Füße. Antwortet eine Führungskraft wertschätzend und mit echtem Mehrwert für das ganze Team, öffnet das einen weiteren Weg zur Diskussion und zu neuen Lösungen.

Reflektieren Sie gelegentlich:

- Habe ich dem Mitarbeiter aufmerksam zugehört und damit signalisiert, dass das, was er gesagt hat, wichtig ist?
- Habe ich dem Mitarbeiter meine Anerkennung oder meinen Dank für die Äußerung der Idee oder Frage ausgesprochen?

Diese Praktiken müssen wiederholt und in einer interaktiven, lernorientierten Weise angewendet werden, um eine Atmosphäre der psychologischen Sicherheit zu schaffen. Es erfordert einen achtsamen und konsequenten Ansatz. Die Schaffung eines Bezugsrahmens, die Einladung zur Mitgestaltung und eine wertschätzende Reaktion sind drei wichtige Praktiken, die zur Schaffung psychologischer Sicherheit am Arbeitsplatz beitragen können. Um wirklich wirksam zu sein, müssen diese Praktiken wiederholt und in einer interaktiven, lernorientierten Weise angewandt werden, um eine Atmosphäre der Aufrichtigkeit und des gegenseitigen Respekts zu schaffen. Auf diese Weise wird ein sicheres, gesundes und produktives Arbeitsumfeld geschaffen.

	Gesunden Bezugsrahmen definieren	Einladung zur Mitwirkung	Wertschätzend reagieren
Führungskraft	In einem komplexen Arbeitsumfeld offen über Scheitern, Ungewissheit und Fehler sprechen – Gegenteil von Schuldsuche	Haltung des Nichtwissens einnehmen Gute Fragen stellen Erst zuhören und dann reden	Mit Interesse zuhören Anerkennung und Dank aussprechen
	Aufzeigen, wie wichtig das offene Ansprechen von Fehlern und gegenteiligen Sichtweisen ist	Gemeinsam Spielregeln für den offenen Austausch vereinbaren	Lösungsorientiert nach vorne schauen Unterstützung anbieten Nächste Schritte kreieren Auch Verstöße ansprechen
Was wird damit erreicht?	Gemeinsames Verständnis für Scheitern, Fehler und Unsicherheit	Stärkt die Überzeugung, dass die eigene Ansicht wichtig ist und ausgesprochen werden soll	Kontinuierliches Lernen und Entwicklung neuer Ideen

In Anlehnung an Edmondson (2020: 3270)

5.

Die Kraft des Teams mit dem Resilienz-Rad erwecken

Das Leben wird vorwärts gelebt und rückwärts verstanden.

Søren Kierkegaard (1813–1855), Philosoph und Theologe

Das Team-Resilienzrad gibt eine Übersicht über die Resilienzkompetenzen und zeigt gleichzeitig auf, dass alle einzelnen Kompetenzen miteinander zusammenhängen und aufeinander einwirken. Dieses Rad bietet einen flexiblen Rahmen für ein krisenfestes Wir. Fangen Sie mit einem Feld an und bringen Sie das Resilienzrad in Schwung. Sie können selbst bestimmen, wo Sie anfangen, aber bitte fangen Sie an. Dabei wird das Rad sicher auch mal ausgebremst werden und dann wiederum läuft es wie von selbst. Es wird also Fortschritte, aber auch Rückschritte geben und manchmal Stillstand. Auch die Rückschritte sind wichtig, denn gerade aus ihnen lernen wir sehr viel für den nächsten Schritt nach vorne.

Wir alle gehen nicht gerne rückwärts. Überlegen Sie mal, wie oft ein Kleinkind auf den Hintern fällt, bis es das Laufen gelernt hat. Ist es nicht viel gesünder, mit Rückschritten zu rechnen? Auf diese Weise sind wir besser vorbereitet und etwas weniger gestresst, wenn sie unvermeidlicherweise auftreten. Und vielleicht, nur vielleicht, könnten wir ein wenig netter zu uns selbst und unseren Kollegen sein, wenn wir einen Schritt rückwärtsgehen.

Ich lade Sie ein und möchte Sie vor allem ermutigen, sich auf den Weg zu machen. Ich bin mir sicher, Sie werden spannende Erkenntnisse gewinnen und an der einen oder anderen Stelle richtig stolz darauf sein, was Sie bereits bewegt haben. Ich bin zutiefst überzeugt, dass ein starker Wunsch nach nachhaltigen Lösungen etwas ist, das viele Menschen teilen. Es ist ein Ziel, das wir alle anstreben sollten und von dem wir alle langfristig profitieren werden. Wenn ein Team eine resiliente Zusammenarbeit hinbekommt, widerstandsfähig und belastbar ist oder sich immer wieder darum bemüht, können wir in der Arbeitswelt wirklich etwas bewirken, mehr als wir uns vorstellen können.

Es gibt ein paar Unterstützer, die das Resilienzrad ins Laufen bringen:

- Eine klare Entscheidung für Team-Resilienz – ein gemeinsames Wollen
- Mut und Risikobereitschaft, sich auf schwierige Passagen einzulassen
- Durchhaltevermögen, immer wieder den nächsten Schritt zu gehen und auch kleinste Veränderungen wahrnehmen, würdigen und feiern.

5.1 Resilienz-Prinzipien für mehr Belastbarkeit und ein robustes Wir im Team

Wenn alles gut läuft, machen wir uns wenig Gedanken über Resilienz. Die Frage nach mehr Resilienz taucht vor allem in Krisen und schwierigen Zeiten auf. Da gibt es die einen, die gestärkt aus einer Krise hervorgehen und die anderen, die psychisch krank werden. Das sind die beiden Extrempole. Das gilt auch für Teams. Es gibt Teams, die wachsen in Krisen zusammen und entwickeln innovative beziehungsweise kreative Wege aus der Krise heraus. Und es gibt Teams, da machen sich die Teammitglieder gegenseitig das Leben zur Hölle. Zu Krisen gehören oft Verluste, die wiederum zu Trauer führen. Diese Trauer muss ernst genommen werden, ganz gleich, ob es sich um den Verlust der gefühlten Normalität oder um etwas anderes handelt. Verluste dürfen beklagt werden. Aus diesem Grund lasse ich in meinen Teamentwicklungen auch ein gewisses Maß an Jammern zu. Jammern, wenn es gerade im Team extrem herausfordernd ist, finde ich okay. Aus meiner Sicht muss es einen Raum für die Nöte, Sorgen und unerfüllten Bedürfnisse der Mitarbeiter geben. Nicht okay ist es, wenn das Jammertal nicht mehr verlassen wird. Dann ziehen sich die Teammitglieder gegenseitig noch weiter runter.

Aus der Praxis: Dazu fällt mir die Erfahrung mit einem Team in einem Unternehmen ein. Bei dem einen Termin war die Stimmung des Teams im Keller und es wurde viel gejammert. Die Klagen waren auch berechtigt. Bei unserem nächsten Treffen habe ich das Team gebeten, seine Zufriedenheit mit der Zusammenarbeit auf einer Skala von eins bis zehn zu bewerten. Jedes Teammitglied stellte sich auf ihren stimmigen Zahlenplatz. Auf diese Weise können wir uns ein besseres Bild davon machen, wie jeder Einzelne die Zusammenarbeit empfindet und Bereiche mit Verbesserungsbedarf können schnell ermittelt werden. Der niedrigste Wert war eine Fünf, alle anderen lagen bei einer Sieben oder Acht. Nicht nur ich war beeindruckt, sondern auch das Team. Die Skalierungskonstellation machte die wahrgenommene Qualität der Zusammenarbeit sichtbar. Aus dieser Stimmung heraus konnten wir gut an den nächsten Schritten zur Verbesserung der Team-Resilienz arbeiten. Sie wollten ihre Kommunikation verbessern und das ist in diesem Team gut gelungen, denn alle wollten und waren bereit für diesen Schritt.

Ich mache jedoch auch gegenteilige Erfahrungen. Alle Stationsleitungen in einem großen Klinikum haben sich regelmäßige Supervision gewünscht und auch bekommen. In den Terminen wurde ausführlich gejammert. Einige wenige wollten raus aus dem Jammertal und aktiv werden und zumindest das anpacken, was in ihrem Einflussbereich ist. Die wenigen haben in dem Team nicht ausgereicht, um auf die Lösungsebene zu gelangen. Nach mehreren Terminen wurde die Supervision abgebrochen. Hier ist es nicht gelungen, die ungesunde Gewohnheit des Klagens zu stoppen. Ich selbst habe mich auch gefragt, warum es nicht gelungen ist, dieses Team auf einen guten Weg zu begleiten. Und diese Entwicklung hat mich noch lange beschäftigt. Was ich damit sagen will: Es gibt weder den richtigen Weg noch die Garantie für ein robustes Wir, selbst wenn wir uns auf den Weg machen. Es gibt leider Kräfte, die stark in einem Team wirken. Ein Team ist eben ein System.

Trotz Misserfolge gebe ich meine Überzeugung nicht auf, dass jedes Team innere Kraftquellen besitzt, die für gelingende Zusammenarbeit auch in schwierigen Zeiten angezapft werden können. Ich glaube fest daran, dass mit gesunden Einstellungen und hilfreichen Methoden das Gute in einem Team gefördert werden kann.

Wie schon weiter oben erwähnt, zeigt sich Team-Resilienz auf mehreren Ebenen und kann in jedem Fall einen kleinen und gleichzeitig wichtigen Unterschied in der Zusammenarbeit ausmachen. Es geht darum, ein Team zu unterstützen, die gemeinsamen Fähigkeiten zu entwickeln, um Krisen leichter zu meistern und eine kleine oder auch größere Wirkung zu erzielen.

Faszinierend und gleichzeitig hilfreich ist eine integrale Sicht oder Denkweise. Integrales Denken bezieht sich auf Weltanschauungen, die eine umfassende Sicht des Menschen und der Welt anstreben. Dabei wird auch die spirituelle Dimension miteinbezogen. Die ganzheitliche Betrachtung ermöglicht es, Mitarbeiter besser zu verstehen, ihr Entwicklungspotenzial zu erkennen und geeignete Entwicklungsmaßnahmen zu ergreifen. Dazu gehört vor allem, den Mitarbeiter als Menschen und nicht als Kostenfaktor zu sehen.

Die Theorie U von Otto Scharmer kann uns in diesem Prozess unterstützen, indem sie vorschlägt, dass wir von zukünftigen Möglichkeiten ausgehen, um herauszufinden, wie sie umgesetzt werden können. Dies erfordert tragfähige Zukunftsbilder, um komplexe, neuartige Probleme zu lösen, die mit den Erfahrungen der Vergangenheit nicht gelöst werden können. Auch Scharmer fordert uns auf, bestehende Denkmuster infrage zu stellen und mit einem offenen Geist an die Team-Resilienz heranzugehen.

Heute gestalten wir das Morgen, jeden Tag aufs Neue.

Die Prinzipien für Team-Resilienz zeigen Hinweise auf neue Möglichkeitsräume in der Zusammenarbeit. Hier kommen die Prinzipien für Team-Resilienz ins Spiel. Dabei stütze ich mich auf die klassischen Resilienzkompetenzen. Diese können allerdings nicht eins zu eins von der individuellen Resilienz auf ein Team übertragen werden. Die klassischen Resilienzprinzipien müssen in einem systemischen Rahmen betrachtet und gelebt werden. Klar, jedes Teammitglied ist auf die eigene Weise und in unterschiedlicher Weise resilient. Eine gute Voraussetzung ist zwar, wenn die Teammitglieder eine hohe Resilienz haben, aber noch lange keine Garantie für Team-Resilienz.

Bei dem Thema Team-Resilienz kommt die Teamebene dazu. Zum Beispiel: Ein Teammitglied ist richtig gut in der Resilienzkompetenz »Selbstfürsorge«. Diesem Teammitglied könnte es mitunter schwerfallen, die eigenen Bedürfnisse hintanzustellen, im Sinne von erst das Wir und dann das Ich. Damit meine ich nicht, dass die eigenen Bedürfnisse immer dem Team unterstellt werden müssen. Es gilt, eine Balance zu finden. Ein resilientes Verhalten des einen Teammitglieds wird von jedem anderen Teammitglied unter einem bestimmten Licht betrachtet. Die entsprechende Bewertung beeinflusst die Beziehung untereinander und auch die Gruppe als Ganzes. So kann es sein, dass ein Selbstfürsorge-Verhalten von einem anderen Teammitglied als egoistisch angesehen wird und schon entsteht eine kleine Missstimmung. Gibt es eine starke Vertrauensbasis, dann steigt die Chance, dass für resilientes Verhalten Verständnis aufgebracht wird, auch wenn es erst mal egoistisch aussieht.

Ein hoch komplexes Zusammenspiel resilienter Einstellungen und Verhaltensweisen entsteht und im besten Fall kommt Team-Resilienz heraus.
Die acht Kompetenzen des Resilienzrades im Überblick:

- Attraktives Zukunftsbild – gemeinsame Vision
- Macht des Vertrauens
- Kraftquelle Sinn

- Radikale Akzeptanz – Circle of Influence (Covey)
- Selbstwirksamkeit und Handhabbarkeit
- Kompetenzen im Team
- Lernen und Entwicklung
- Transparente und achtsame Kommunikation

Diese Prinzipien stelle ich Ihnen praxistauglich vor und es werden Ihnen hilfreiche Methoden an die Hand gegeben. Mit dem Team-Resilienz-Rad können Sie ganz schnell eine erste Einschätzung vornehmen.

Die acht Kompetenzen des Team-Resilienz-Rades im Überblick

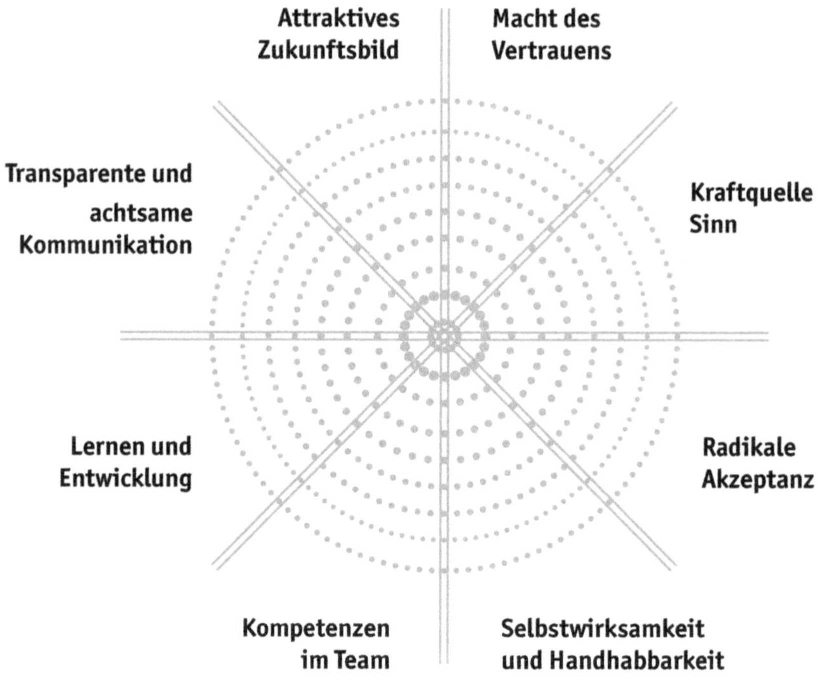

5.2 Ein attraktives Bild der Zukunft wirkt wie ein Magnet

»Die Zukunft soll man nicht voraussehen wollen, sondern möglich machen.«

Antoine de St. Exupéry (1900–1944), französischer Schriftsteller und Pilot

Die Zukunft ist ein wundervolles Konzept; sie ist voller Möglichkeiten. Zukunft wird von uns gemacht und das Tag für Tag. Eine gute Zukunft erfordert jedoch mehr als nur Wünsche und Hoffnungen. Es erfordert auch harte Arbeit und den Willen, Herausforderungen zu meistern. Ein attraktives Bild von der Zukunft kann dabei magnetische Kräfte entfalten.

Zukunftsbild einer starken Zusammenarbeit?

Team-Resilienz aufzubauen, ist ein lohnender Prozess, braucht aber Zeit und Energie. Ein wichtiger erster Schritt ist, eine klare Vorstellung davon zu haben, wie das gemeinsame Zukunftsbild von Team-Resilienz aussehen soll. Eine klare Ausrichtung auf ein gemeinsames Zukunftsbild wirkt wie ein Magnet, der alles zusammenhält und quasi in die erstrebenswerte Zukunft hineinzieht. Denken wir, dass wir die Zukunft als unvermeidliches und vorherbestimmtes Schicksal hinnehmen oder haben wir die Macht, den Verlauf unseres Lebens in gewisser Weise zu beeinflussen? Dies ist nicht nur eine Frage des Glaubens. Es ist auch eine Frage unserer Weltanschauung oder unserer Denkgewohnheiten. Denken Sie über diese Frage in Ihrem Team nach, bevor Sie ein attraktives und mutiges Zukunftsbild entwickeln.

Wir Menschen haben die Fähigkeit, uns verschiedene Zukunftsbilder auszudenken, und das erlaubt uns, für verschiedene Ergebnisse zu planen. Annahmen und Planungen für die Zukunft sind ein natürlicher Bestandteil des menschlichen Lebens. Wir handeln nach unserer Vorstellung von der Zukunft basierend auf den Annahmen, die wir über sie treffen.

In diesem Sinne funktionieren Zukunftsvorstellungen oft wie eine selbsterfüllende Prophezeiung. Die Zukunft zu gestalten, bedeutet, aktiv die Szenarien unserer gewünschten Zukunft zu entwerfen und dann entschlossen und mutig zu handeln, um sie in die Tat umzusetzen. Indem wir uns eine mögliche Zukunft ausmalen und proaktiv darauf hinarbeiten, werden wir zu den Architekten unseres eigenen Schicksals, anstatt einfach auf das zu reagieren, was die Zukunft bringen mag. Mit diesem Ansatz können wir eine Zukunft schaffen, die besser ist als die jetzige, und ein besseres Morgen gestalten.

Auch ein ganzes Team kann sich ein zukünftiges Bild der Zusammenarbeit ausmalen. In einem Team gibt es zunächst viele Zukunftsbilder von gemeinsamer Resilienz, denn jedes Teammitglied hat seine eigene Vorstellung. Die Bilder, die wir von der Zukunft haben, werden durch unseren aktuellen Kontext und unsere Erfahrungen geprägt. Unsere kulturellen Werte und alltäglichen Lebensumstände beeinflussen die Annahmen, die wir über die Zukunft treffen. Vor allem die unbewussten Annahmen fließen in Zukunftsbilder mit ein. So haben wir zunächst in einem Team ein Sammelsurium von verschiedenen Zukunftsbildern. Und wir können uns nur eine Vorstellung von der Zukunft machen, denn sie ist noch nicht Realität. Das bedeutet, dass jedes Teammitglied eine subjektive Zukunft in seinem eigenen Kopf konstruiert. »Wir alle malen uns – meist unbewusst – eine Zukunft aus. Dadurch entsteht ein individuelles Bild von der Zukunft.« (Groß/Mandir 2022: 23) Meist malen wir uns nicht nur ein mögliches Zukunftsszenario aus, sondern sogar mehrere, die durchaus in Konkurrenz miteinander stehen oder sogar gegensätzlich sind. Die Faszination von Zukunftsbildern liegt in ihrer Fähigkeit, zu inspirieren und zu motivieren. Indem wir eine gemeinsame Vision der Zukunft schaffen, eröffnen wir neue Möglichkeiten für ein gelingendes Miteinander. Ein Zukunftsbild ist eine starke Orientierungsquelle, die uns helfen kann, unsere Ziele zu erreichen.

Selbstreflexion und ein Bewusstsein für die persönlichen Zukunftsannahmen sind angesagt. Denn genau diese Zukunftsannahmen bringt jedes Teammitglied sowieso in den Teamprozess ein. Es ist wichtig, sich mit den eigenen unbewussten Annahmen über die Zukunft auseinanderzusetzen und das am besten im Team. Dazu eignet sich zum Einstieg das Polak-Spiel (nach Peter Hayward und Stuart Candy). Diese Methode ermöglicht es, verborgene Vorannahmen in einer Gruppe sichtbar und greifbar zu machen. Sie zeigt auf spielerische Art und Weise innere Haltungen und Handlungsfähigkeiten in Bezug auf die Zukunft auf.

Übung (Polak-Spiel)
Positionieren Sie sich im Raum entsprechend der vier Pole der beiden Achsen. Dies wird Ihnen helfen, Ihre Einstellung und Handlungsfähigkeit in Bezug auf eine mögliche Team-Resilienz zu verstehen. Finden Sie heraus, ob Sie eine optimistische oder pessimistische Einstellung haben und wie Sie Ihre Fähigkeit einschätzen, proaktiv zur Widerstandsfähigkeit im Team beitragen können. Diese Übung fungiert als dynamisches Stimmungsbarometer im Team und macht die individuelle Einstufung im Raum für alle sichtbar.

1. Vertikale Achse: Positive und negative Erwartungen für eine resiliente Zukunft. Was denken Sie, wie wird sich Team-Resilienz in einem halben oder in einem Jahr entwickeln: besser oder schlechter?

Jedes Teammitglied sucht sich jetzt den eigenen Platz und drückt so seine positiven oder negativen Erwartungen aus. Die Frage der Erwartung macht sichtbar, wie grundsätzlich die individuellen Einschätzungen sind: Wird die Team-Resilienz in der Zukunft besser oder schlechter?

1. Die vertikale Achse

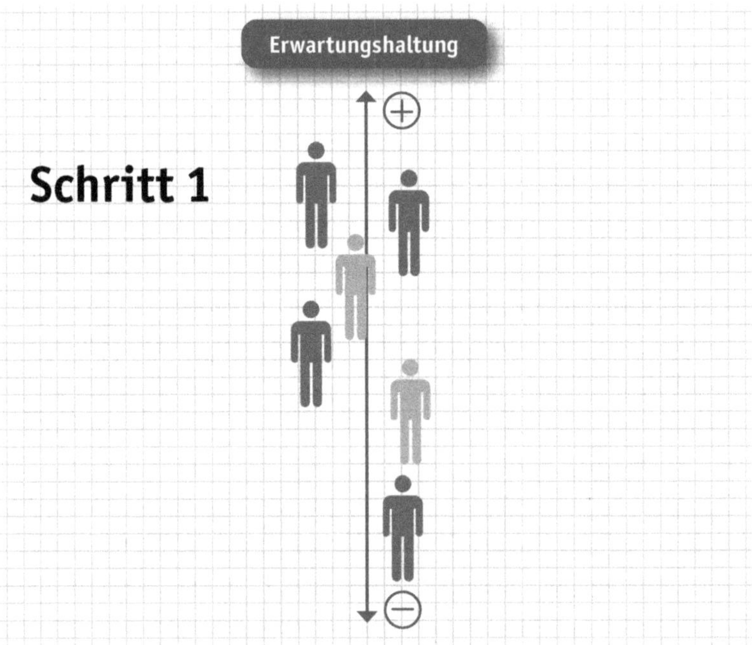

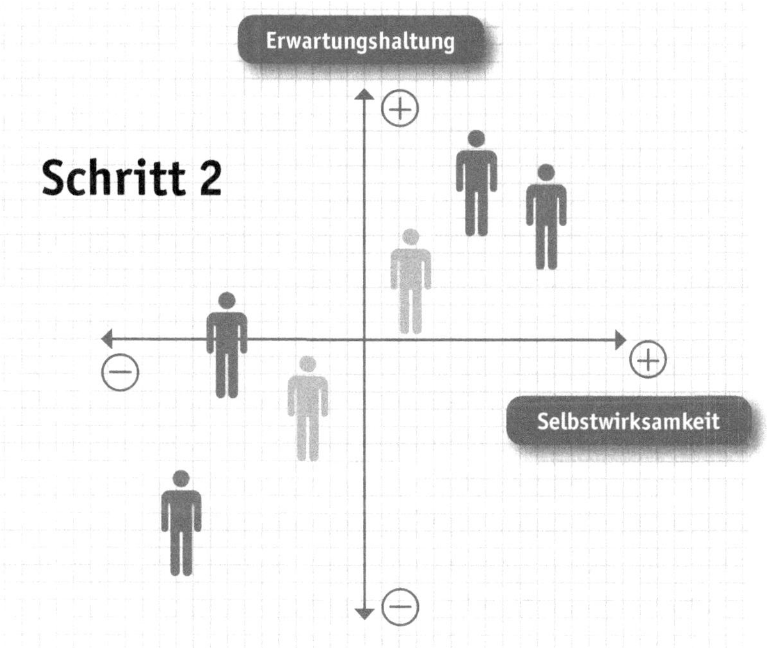

2. Horizontale Achse: Vertrauen in Selbstwirksamkeit – Zweifel an Selbstwirksamkeit. Welche persönlichen Möglichkeiten haben Sie, die Team-Resilienz mitzugestalten? (Groß/Mandir 2022: 26)

Die Teilnehmer bleiben auf der bisherigen Position der Y-Achse und bewegen sich jetzt entweder nach links oder rechts. Je weiter links ein Teammitglied steht, zeigt den Zweifel an den eigenen Handlungsmöglichkeiten, je weiter rechts, desto größer das Vertrauen in den eigenen Handlungsspielraum.

Hat jedes Teammitglied die eigene Position eingenommen, geht es in die Diskussion: Warum steht ein Teammitglied genau auf dem Platz? Die Teammitglieder erzählen, warum sie genau da stehen, wo sie stehen und was sie damit zum Ausdruck bringen möchten. Daraus ergibt sich oft ein spannender Austausch über die verschiedenen Vorstellungen von der Zukunft. Die Teammitglieder erfahren so ganz nebenbei einiges über die Kollegen und natürlich auch über sich selbst. Wichtig ist, kein Standort wird bewertet, alles darf sein. Lassen Sie den Raum, die persönlichen Geschichten zu erzählen.

Damit haben Sie eine gute Vorarbeit geleistet. Jetzt geht es an die Entwicklung eines gemeinsamen Bildes von einer wünschenswerten Zukunft. Eine stimmige Vorstellung kann eine zentrale Kraftquelle sein. Das Zukunftsbild zeigt auf, welche ungesunden Verhaltensweisen im Weg stehen und welche gesunden Verhaltensweisen erlernt werden sollten. Und wie wird es aussehen, wie wird es sich anfühlen, wenn mehr Team-Resilienz gelebt wird? Nur wenn es auf diese Fragen Antworten gibt, die überzeugend sind und eine starke Resonanz erzeugen, ist diese für alle Beteiligten so wichtige Energiequelle gesichert. Ein gemeinsames Zukunftsbild oder wie ich zu sagen pflege, ein blinkender Nordstern, gibt die Richtung vor. Der Nordstern zeigt lediglich die Richtung an, der Weg wird von jedem Team auf seine Weise gestaltet.

Der Hirnforscher Gerald Hüther betrachtet innere Bilder als Vorstellungen darüber, wie die Welt ist und wie man sich in ihr zurechtfindet. Wir nutzen diese inneren Bilder als mentale Autobahnen und verstehen sie so, dass wir unseren vorgegebenen Verdrahtungsmustern folgen können. Wenn wir uns ändern oder verlernen wollen, müssen wir unsere inneren Bilder untersuchen und weiterentwickeln. Das fühlt sich oft im ersten Moment sehr ungewohnt an. Erst mal sind es Trampelpfade, bevor daraus Schnellstraßen werden.

Jedes Teammitglied wirkt mit den persönlichen inneren Bildern ins Team hinein. Aus dem Grund ist es äußerst sinnvoll, einen Überblick über die individuellen Bilder und dann Klarheit über ein gemeinsames Bild zu schaffen. Selbst wenn die gleichen Begrifflichkeiten für ein Zukunftsbild gebraucht werden, heißt das noch nicht, dass ein gemeinsames Verständnis vorliegt.

Wie kommt ein Team zu einem gemeinsamen Zukunftsbild? Meiner Erfahrung nach eignen sich zur Erarbeitung von Zukunftsbilder kreative Methoden, wie zum Beispiel Lego® Serious Play®. Diese Methode hat den Charme, dass im ersten Schritt jedes Teammitglied ein persönliches Modell des Zukunftsbildes baut. In einem zweiten Schritt wird aus den individuellen Modellen ein gemeinsames Werk gebaut. Lego® Serious Play® baut auf dem Hand-Hirn-Prinzip auf; es wird also nicht nur auf der rationalen Ebene gearbeitet. Die einzelnen Modelle und das anschließende Gruppenmodell zeigen auf kreative Weise die wichtigsten Aspekte auf. Und da die meisten mit Lego aus ihrer Kindheit vertraut sind, entsteht schnell eine gute Stimmung und auf spielerische Weise wird ein Zukunftsbild gebaut. Diese Methode arbeitet viel mit Storytelling. Sind die individuellen Modelle gebaut, erzählt jedes Teammitglied seine eigene Geschichte dazu. Es ist faszinierend, wie viel jedes Teammitglied auf leichte Weise von sich erzählt. Es entsteht sehr häufig eine interessierte Stimmung im Team, jeder will über sein Modell berichten und gleichzeitig von den anderen hören.

In einem nächsten Schritt wird aus den Einzelmodellen auf einer größeren Platte ein Gruppenmodell gebaut. So bekommt jedes Teammitglied seinen Platz in der Gruppe und die größere Platte stellt den gemeinsamen Boden dar. Über das Gruppenmodell wird dann die gemeinsame Geschichte erzählt: Wie ist es entstanden? Welche wichtigen Aussagen stecken in dem Modell? Die Phase des Geschichtenerzählens ist enorm wichtig, denn das Bild des Modells und die Geschichte bleibt in den Köpfen hängen. Und noch wichtiger: Die geteilten Geschichten erzeugen Resonanz im Team, denn geteilte

Geschichten berühren uns, bringen unsere mitfühlende Seite zum Schwingen. Das stärkt die Beziehungen untereinander. Die Beteiligten erleben sich durch die Erfahrung der Resonanz als zugehörig und verbunden und gestalten das Modell gemeinsam. Dieser Prozess lässt sich weder von oben noch von unten durch Anordnungen, Aufgabenzuweisungen oder Absprachen steuern. Vielmehr wird er durch den Wunsch aller gefördert, sich am gemeinsamen Gestaltungsprozess von Team-Resilienz zu beteiligen. Dabei gilt es, das Spannungsfeld zwischen den Bedürfnissen des einzelnen Teammitglieds und dem Team als Gruppe immer wieder aufs Neue auszutarieren.

Nun muss das Zukunftsbild im Alltag ankommen und wie ein Nordstern für die tägliche Ausrichtung des gemeinsamen Handelns Orientierung geben. Es geht um die Umsetzung – das Wie. Wie wird die Reise zum Nordstern umgesetzt? Das ist wiederum ein iterativer Prozess: es wird immer wieder mit einem Alltagsschritt experimentiert und reflektiert. Was sich als hilfreich erweist, wird weitergemacht, was nicht, kommt auf die Not-to-do-Liste.

Die Entwicklung eines gemeinsamen Zukunftsbildes kann enorme Kräfte freisetzen, wenn es von allen Teammitgliedern mitgetragen wird, wenn es eine tiefe Resonanz erzeugt. Aus dem Grund ist es so wichtig, bei diesem Prozess von Anfang an alle Teammitglieder zu beteiligen. Wichtig ist auch, sich für diesen Prozess Zeit zu nehmen, die Entwicklung eines Zukunftsbild kann nicht über das Knie gebrochen werden.

Neben der Lego® Serious Play® gibt es noch andere kreative Methoden, wie zum Beispiel eine gemeinsame Kollage erstellen oder ein gemeinsames Bild malen. Die Methode hängt von den Vorlieben des Teams ab. Man kann auch mit einer angeleiteten Visualisierung arbeiten. Es dürfen kreative Methoden eingesetzt werden. Eine starke gemeinsame Vision der Zusammenarbeit schubst ein Team in Richtung Zukunftsbild. Es ist von größter Bedeutung, dass die Zukunftsvision in umsetzbare und alltagstaugliche Schritte und

Werte geben Orientierung und machen unser Handeln wertvoll.

Aktivitäten übersetzt wird, die die Teammitglieder in ihrem täglichen Leben umsetzen können. Durch diese Aktivitäten und Schritte können die Teammitglieder sinnvolle Fortschritte auf dem Weg zum gewünschten zukünftigen Zustand machen.

Team-Werte

Team-Werte können auch so einen funkelnden Nordstern darstellen. »Werte bestimmen also, wie wir unser Leben gestalten und was wir als wichtig erachten.« (Krumm 2014: 13) Diese Aussage gilt auch für ein Team. Im Team kommt allerdings ein bunter Strauß von Werten zusammen, da jedes Teammitglied seine persönlichen Werte mitbringt, welche sehr unterschiedlich sein können. Werte können nicht von der Kanzel gepredigt werden. Sie müssen gemeinsam vereinbart und gelebt werden. Werte bilden sich aus der eigenen Erfahrung, was einem wichtig und wertvoll ist. In dem Sinne können Team-Werte als Leitplanken verstanden werden, die den einzelnen Teammitgliedern Orientierung für ihr Verhalten geben. Sie geben eher Hinweise, was zu tun oder zu lassen ist, als dass sie konkrete Maßnahmen vorschreiben. Dies ermöglicht situationsbedingte Flexibilität, während der Einzelne dennoch auf das gewünschte Ziel ausgerichtet ist.

Ein oft unerwünschtes Verhalten im Team ist das übereinander Reden und weniger miteinander. Eine Kollegin ärgert sich über eine andere Kollegin. Anstatt direkt miteinander zu sprechen, bespricht man sich mit einer anderen Kollegin. Und ganz schnell entstehen Vorstellungen und Annahmen, die manchmal nur noch schwer zu korrigieren sind. Hier kann eine Werteübung sehr unterstützend wirken. Ein Team kann zum Beispiel als Wert Wertschätzung vereinbaren und das heißt in dem Fall, die Kollegin direkt anzusprechen und nicht hinter ihrem Rücken. Deshalb arbeite ich gerne an der Ausarbeitung der gemeinsamen Werte. Ich habe damit gute Erfahrungen gemacht. Man kann auch mit der Fragestellung arbeiten: Was ist uns in der Zusammenarbeit wichtig?

Hier gilt es, zu beachten, dass im ersten Schritt jedes Teammitglied für sich und schriftlich die eigenen Werte notiert. Ich nutze da sehr gerne eine Struktur aus dem Methodenkoffer »Liberating Structures«. Für die Werteübung eignet sich »1-2-4-All«. Alle werden bei dieser Übung beteiligt, vor allem die ruhigeren Vertreter werden aktiviert und integriert. Und es ist eine sehr effiziente Art und Weise ein gemeinsames Verständnis zu erreichen.

Stehen fünf bis maximal sieben Werte fest und sind sie in eine Reihenfolge gebracht, braucht es nachvollziehbare Erfüllungskriterien. Damit ist gemeint, jedes Teammitglied sollte ein klares Bild im Kopf haben, auf welche Weise wird ein Wert im Team gelebt? Wie spürt jedes Teammitglied, dass ein Wert gelebt wird? Hierbei helfen systemische Fragestellungen, wie zum Beispiel: Woran erkennen wir, dass wir einen Wert im Alltag leben? – Was ändert sich im Team, wenn wir den Wert leben? Was passiert im Team, wenn ein Wert mit Füßen getreten wird? (➲ Playbox)

Gerade in herausfordernden Zeiten wissen Mitarbeiter nicht so genau, wie die Zusammenarbeit aussehen soll. Durch die Werteübung können Mitarbeiter lernen, wie sie auf verschiedene Herausforderungen reagieren können, denen sie bei der Arbeit oder im Unternehmen begegnen. Auf diese Weise geben Werte Orientierung und lassen Raum für situatives Handeln im Kontext.

Aus der Praxis: In einem therapeutischen Team einer Klinik wurden recht flott die gemeinsamen Werte aufgestellt. Als es dann um die Erfüllungskriterien ging, tauchten unterschiedliche Vorstellungen auf. Diesem Team war wichtig, dass sie mit einer hohen Qualität die Patienten behandeln. Es gab jedoch kein gemeinsames Verständnis von hoher Qualität. Die einen meinten, hohe Qualität sei, dass jeder Patient möglichst viele Behandlungseinheiten bekommt, nach dem Motto viel hilft viel. Für andere wiederum bedeutete hohe Qualität, die Patienten je nach Krankheitszustand zu behandeln. Es kann also sein, dass der eine Patient weniger Behandlungseinheiten bekommt als ein anderer Patient, weil es für diesen Patienten für seinen Genesungsprozess notwendig ist. Es kam zu einer heftigen Auseinandersetzung darüber. Das Team blieb dabei, sie wollen weiterhin für eine hohe Qualität sorgen und gleichzeitig gestanden sie sich gegenseitig zu, dass es unterschiedliche Vorgehensweisen geben darf.

Die unterschiedlichen Vorstellungen über hohe Qualität sorgte in diesem Team für Spannungen, die sich auch auf der Beziehungsebene auswirkten. Diese Werteübung hat in diesem Team Spannungen untereinander auf den Tisch gebracht. Spannungen im Team werden häufig negativ und belastend erlebt. Als dem Team klar wurde, dass es unterschiedliche Sichtweisen gibt, mussten sie sich nicht länger auf der Beziehungsebene bekämpfen, sie konnten über die Sache in Austausch gehen.

Kurzer Ausflug

Wie wäre es, wenn wir einen neuen Umgang mit Spannungen entwickeln. Dazu hat die Zeitschrift »Neue Narrative« eine interessante Methode entwickelt. Das beginnt bei der Einstellung zu Spannungen. Sie sehen eine Spannung als einen positiven Impuls zur Veränderung. Denn eine Spannung drückt eine Differenz aus. »Eine Spannung ist nach unserem Verständnis eine Differenz zwischen dem, was ist, und dem, was sein könnte. Sie ist nichts per se Negatives, sondern ein positiver Impuls zur Veränderung, ein ungenutztes Potenzial, das erst dann produktiv wirken kann, wenn die zugrunde liegende Spannung ins Team eingebracht wurde. Ganz wichtig dabei: Eine Organisation hat keine Spannung, ein Team hat auch keine Spannung. Eine Spannung entsteht immer in einer Person.« (Taheri 2022)

Das Team des Magazins hat den Spannungsspeicher eingeführt. In einem Meeting werden alle Spannungen gesammelt, auf einem Flipchart oder einem virtuellen Whiteboard. So sind sie sichtbar für alle. Niemand muss sich mit einer Spannung durch das Treffen schleppen. Wird eine Spannung gelöst, wir die einfache Frage an die Person gestellt: Was brauchst du? Nur die Person kann wissen, was sie braucht, um eine Spannung zu lösen. Das kann auch für den Alltag eine sehr wirkungsvolle Übung sein.

Kommen wir zurück zu unserem therapeutischen Team. Wie könnte diese innere Spannung bezüglich hoher Behandlungsqualität reduziert werden. Die einzelnen Teammitglieder wurden gefragt, was sie brauchen. Nach dieser Runde wurde diesem Team klar, sie brauchen gegenseitige Toleranz und Respekt für unterschiedliche Sicht- und Arbeitsweisen. Es gibt nicht die eine richtige Vorgehensweise bezüglich hoher Qualität. Auf diese Weise geben Werte Orientierung und lassen gleichzeitig Raum für situatives Handeln.

Gelingt ein ehrlicher Austausch über die Werte, kann das dazu beitragen, die beruflichen Beziehungen zu vertiefen und vertrauter miteinander zu werden. Der Austausch über Werte ist ein iterativer Prozess. Über die Werte sollte von Zeit zu Zeit neu debattiert werden. Es können sich Rahmenbedingungen ändern und die Werte können nicht mehr auf die gleiche Weise gelebt werden. Ein Team muss sich mittlerweile immer öfter an ein verändertes Umfeld anpassen. Dafür braucht es häufige Feedbackschleifen und eine hohe Transparenz untereinander. In vielen Unternehmen wird die Personaldecke immer dünner. Da ist es umso wichtiger, immer wieder ins Gespräch zu kommen, wie unter den gegebenen Rahmenbedingen gute Arbeit aussehen kann.

5.3 Die Macht des Vertrauens

Vertrauen ist eine essenzielle Wirkkraft für die Widerstandsfähigkeit eines Teams. Vertrauen ist das Fundament für gelingende Zusammenarbeit im Team und baut starke Beziehungen untereinander auf. In der heutigen Geschäftswelt ist Vertrauen wichtiger denn je. Werden in einem Team vertrauensvolle Beziehungen gelebt, beschleunigt das Entscheidungsprozesse und ungeliebte Kontrollmechanismen werden überflüssig. Vor allem verbessert sich die Zusammenarbeit und die Zufriedenheit im Team. Vertrauen ist jedoch nicht immer leicht zu erlangen. Ist das Vertrauen erst einmal aufgebaut, muss es sorgfältig gehegt und gepflegt werden. Ist das Vertrauen erst einmal gebrochen, kann es schwer zu reparieren sein. Aber der große Mehrwert von Vertrauen ist alle Mühe wert. Wenn Organisationen mit Vertrauen arbeiten, sind sie erfolgreicher, effizienter und die Mitarbeiter sind zufriedener. Vertrauen ist ein weiterer Schlüssel zur Entfaltung des Potenzials im Team.

Vertrauen ist nicht nur eine psychologische Angelegenheit, sondern hat auch eine neurobiologische Grundlage. Vertrauen ist eine Emotion und Emotionen werden durch biochemische Prozesse gesteuert. Hier ist das Vertrauenshormon Oxytocin zu nennen. Sobald wir spüren können, man vertraut uns, wird das Hormon Oxytocin ausgeschüttet und das führt zu noch mehr Vertrauen. Außerdem reguliert Oxytocin das Stresshormon Cortisol herunter und macht uns gelassener.

Was ist Vertrauen? Finden wir es heraus!

Vertrauen ist gerade in komplexen Arbeitswelt wichtiger denn je zuvor. Es ist eine harte Währung und kommt doch so weich daher. Vertrauen findet immer in einer Beziehung statt. Entweder in der Beziehung zu sich selbst als Selbstvertrauen oder zu Kollegen, zu einer Gruppe, zu einer Organisation, zu einer Technologie, und so weiter. Niklas Luhmann (Soziologe und Philosoph) stellt die Hypothese auf, dass Vertrauen soziale Komplexität reduziert (Luhmann 2014: 84). Reinhard K. Sprenger sagt: »Ich werbe dafür, dem Vertrauen zu vertrauen und dem Misstrauen zu misstrauen. [...] Vertrauen ist sicherer als jede Sicherungsmaßnahme.« (Sprenger 2007: 19) Eine ähnliche Auffassung vertritt der Neurowissenschaftler Prof. Dr. Niels Birbaumer: »Trotz der möglichen Risiken ist es wichtig, das Risiko einzugehen und anderen zu vertrauen. Wenn man sich jemandem anvertraut, ist man anfällig dafür, betrogen, belogen oder hintergangen zu werden. Dem Hirnforscher Niels Birbaumer zufolge ist es jedoch unerlässlich, dieses Risiko einzugehen.« (Birbaumer 2017)

Seit Jahren treibt mich der Begriff »Vertrauen« um. Was ist Vertrauen und wie stellt sich Vertrauen ein und wie bauen wir es wieder auf, wenn es zerstört worden ist? Es ist schwer, den Begriff »Vertrauen« trennscharf zu definieren. Vertrauen lässt sich wissenschaftlich nur schwer erklären, ist aber dennoch in all unseren sozialen Interaktionen präsent. Wir alle wissen, wie es sich anfühlt. Wir spüren es vor allem dann, wenn sich das unangenehme Gefühl von Misstrauen einstellt. So will ich hier Vertrauen ausführlicher vorstellen, weil ich zutiefst überzeugt bin, ohne ein Vertrauen wird es nichts mit der Resilienz im Team.

Die Erkenntnisse aus Psychologie und Soziologie sind eindeutig, Menschen blühen auf, wenn sie vertrauensvolle Beziehungen zu anderen haben. Aus diesem Grund ist Vertrauen für Team-Resilienz eine harte Währung. Übrigens ist damit nicht ein blindes Vertrauen gemeint, das wäre naiv. Vertrauen ist wesentlich für Commitment im Team, denn es liefert die intrinsische Motivation, die man braucht, um vor allem in stürmischen Zeiten durchzuhalten. Vertrauen lässt Individualität und Originalität zu. Wenn Vertrauen vorhanden ist, ist es wahrscheinlicher, dass die Menschen ihr wahres Ich zeigen. Vertrauen ist auch im Kontext psychologischer Sicherheit eine bedeutsame Komponente.

Zweifellos ist Vertrauen ein problematischer Begriff (vgl. Sprenger 2007: 55) oder wie Birbaumer sagt, Vertrauen ist ein riskantes Gefühl. Mein persönliches Verständnis von Vertrauen, inspiriert von Sprenger, definiere ich folgendermaßen: »Es ist im Einzelnen ein unentwirrbares Gemisch aus Ehrlichkeit, Wahrhaftigkeit, Anständigkeit, Glaubwürdigkeit, Berechenbarkeit und Zuverlässigkeit«. Somit ist Vertrauen die Basis für gelingende Zusammenarbeit und ohne Vertrauen wird sich kein Feld von Team-Resilienz aufbauen lassen. Wir brauchen ein Verständnis von Vertrauen, weil wir sonst auch nicht wissen können, wie Vertrauen aufgebaut werden kann. Und aus meiner persönlichen Definition lassen sich schon viele vertrauensbildende Interaktionen ableiten.

Jeden Tag leben wir wie selbstverständlich Vertrauen. Zum Beispiel vertrauen wir darauf, dass der Supermarkt öffnet und frische Ware anbietet, dass die Autofahrer bei Rot anhalten und wir sicher die Straße überqueren können. In der heutigen Zeit ist jedoch Vertrauen ein zerbrechliches Gut geworden. Denn es ist uns oft nicht mehr möglich, Vertrauen durch Vertrautheit aufzubauen, sondern wir müssen häufig entscheiden, wem wir vertrauen schenken und wem nicht. Die Ansicht, dass Vertrauen nur auf langjährigen positiven Erfahrungen miteinander beruhen kann, ist auch nicht unbedingt notwendig und schon gar nicht zukunftsweisend.

Vertrauen war und ist immer mit einem Risiko verbunden. Es muss die Unmöglichkeit kompensieren, alles unter Kontrolle zu haben. Es muss die Angst besiegen. Es muss unsere Wissensdefizite, den Mangel an Vertrautheit ausgleichen. Deshalb ist Vertrauen das Fundament der Moderne schlechthin. (Vgl. Sprenger 2007: 58) Somit ist Vertrauen heute häufig eine Entscheidung und wir haben oft nicht die Zeit, Vertrauen über längere Zeit aufzubauen. Wird der Vertrauensvorschuss belohnt, bestätigt sich das Vertrauen und das verstärkt zukünftiges Vertrauen. Heute geht es oft darum, Vertrauen ohne Vertrautheit aufzubauen. Natürlich entsteht in einem Team mit der Zeit auch Vertrautheit und das erleichtert Vertrauen ungemein. Aber auch ebenso schnell kann das Vertrauen auch verloren gehen.

Wo gibt es Vertrauen zu kaufen?

Leider gibt es kein Geschäft, in dem eine Packung Vertrauen zu erwerben ist. Vertrauen ist vielmehr eine innere Haltung, die zwischen den beiden Ohren beginnt, also im eigenen Geist. Somit ist eine gute Ausgangslage genügend Selbstvertrauen. Vertraue ich mir selbst, fällt mir das Vertrauen in andere Menschen leichter. Und ich behaupte mal, dass eine vertrauensvolle Haltung mir selbst gegenüber und anderen gegenüber ansteckend sein kann.

Wenn die Teammitglieder einander vertrauen, geht jeder davon aus, dass alle ihr Bestes im Sinn haben. Die Teammitglieder gehen in Vorleistung und wagen das Risiko zu vertrauen. Und es stellt sich ein Gefühl der Sicherheit ein. Die Teammitglieder vertrauen darauf, dass sie sich nicht absichtlich schaden oder verletzen wollen. Dieses Vertrauen ist die Grundlage jeder guten Beziehung im Team. Fehlt das Vertrauen, sind die Menschen ständig in Sorge und in einer Habachtstellung, dass sie ausgenutzt oder verletzt werden. Somit ist Vertrauen der Kitt, der ein Team zusammenhält. Vertrauen ist der Glaube an die Zuverlässigkeit, Wahrheit oder Fähigkeit einer anderen Person. Es ist ein Gefühl der Zuversicht und des Vertrauens, das man einer anderen Person entgegenbringt oder auch nicht. So kann man beispielsweise dem einen Kollegen vertrauen, einem anderen wiederum nicht. Arbeiten zwei Kollegen zusammen, die sich gegenseitig vertrauen, stellt sich ein gutes Miteinander ein. Fehlt Vertrauen, wird dem Kollegen das Gegenteil unterstellt, was nicht unbedingt stimmen muss. Vor dem Vertrauen kommt das Risiko: »Kann ich mich auf meine Kollegen verlassen? – Kann ich meinem Vorgesetzten Glauben schenken?« Werden die Kollegen und der Vorgesetzte verlässlich erlebt, werden Zusagen eingehalten?

Brené Brown hat folgende Kriterien für den Vertrauensaufbau aufgeführt: Grenzen werden geachtet und ist man sich unsicher, wird nachgefragt. Es darf auch nein gesagt werden. Halten Sie, was Sie versprechen – dies setzt voraus, dass Sie Ihre Fähigkeiten und Grenzen kennen, damit Sie sich nicht übermäßig engagieren und Ihre Verpflichtungen und Prioritäten einhalten können. Es ist wichtig, die Verantwortung für die eigenen Fehler zu übernehmen. Entschuldigen Sie sich und versuchen Sie, sie zu korrigieren. Sie müssen sicherstellen, dass man Ihnen vertraulichen Informationen anvertrauen kann und dass Sie keine unerlaubten Informationen über andere weitergeben. Sie setzen Ihre Überzeugungen in die Tat um, statt sie nur zu sagen. Integrität bedeutet, mutig entsprechend den eigenen Werten zu handeln. Das kann manchmal unbequem sein. Teammitglieder können ihre Bedürfnisse unvoreingenommen mitteilen und ihre Gefühle offen und ohne Kritik diskutieren. (Vgl. Brown 2018: 47) In der Arbeitswelt braucht es auch noch die Dimension Können und Fähigkeiten: Kann der Mitarbeiter die Aufgabe erledigen, hat er die Ausbildung und die Erfahrung?

Wie bringen die Teammitglieder den Vertrauensmechanismus in Gang? Wenn es um Vertrauen geht, gehen wir Menschen immer ein Risiko ein. Dadurch machen wir uns verletzlich. Wir vertrauen den Kollegen, dem Vorgesetzten, wohl wissend, dass dieses Vertrauen immer gebrochen werden kann. Wird das Vertrauen missbraucht, können die Folgen verheerend sein und manchmal ist Vertrauen nicht wiederherstellbar. Wir denken oft, dass Vertrauen etwas ist, das man sich verdienen muss, aber in Wahrheit ist es immer ein Risiko. Wir können nie mit Sicherheit wissen, ob jemand sein Wort halten wird oder nicht. Alles, was wir tun können, ist zu hoffen, dass er es tut, dass wir nicht diejenigen sind, die am Ende verletzt werden. So bewegt sich Vertrauen zwischen rudimentärem Wissen und Nichtwissen. Deswegen macht Vertrauen verwundbar. Es mag riskant sein, aber es lohnt sich, den Sprung zu wagen.

Betrachten wir Vertrauen in Verbindung mit Kommunikation. Für viele Menschen ist Ehrlichkeit und Wahrhaftigkeit der Schlüssel zur Aufrechterhaltung des Vertrauens in Beziehungen. Ohne Vertrauen würden wir ständig die Beweggründe anderer infrage stellen und könnten uns nie wirklich entspannen und sicher fühlen. Vertrauen ist somit eine essenzielle Grundlage auch aller Arbeitsbeziehungen, und ohne Vertrauen würden die Teammitglieder in einer Arbeitswelt voller Angst und Sorgen leben und alles kontrollieren müssen. Jeder im Team weiß, dass man sich auf die anderen verlassen kann. Und wenn etwas für die Zusammenarbeit wichtig ist, wird es angesprochen – auch ohne ausdrücklichen Auftrag. Öffnet sich ein Teammitglied und spricht ehrlich über das eigene und über Fehlverhalten der Kollegen, macht sich dieser Mensch verletzbar. Gleichzeitig wagt dieses Teammitglied Vertrauen und geht das Risiko ein, falsch verstanden zu werden oder vorschnell kritisiert zu werden oder als Versager hingestellt zu werden. Werden dagegen im Team vertrauensvolle Beziehungen gelebt, dann wird erst mal zugehört, bestenfalls werden Verständnisfragen gestellt. Die Zuhörenden bemühen sich, zu verstehen. Wichtig dabei ist, dass solche Gespräche einen geschützten Raum und Zeit brauchen, niemals zwischen Tür und Angel.

Bringen Sie die Spirale des sich verstärkenden Vertrauensaufbau in Schwung. Wenn Sie jemandem vertrauen, wecken Sie in ihm ein starkes Verantwortungsgefühl. Sie ermutigen ihn geradezu, sich für Sie zu engagieren. Dieses Vertrauen wiederum ermutigt ihn, auch Ihnen zu vertrauen. Vertrauen erzeugt also genau das Verhalten, das – logischerweise – seine Voraussetzung zu sein scheint. Wenn Sie Risiken eingehen und anderen vertrauen, können Sie eine Spirale des Vertrauens in Gang setzen.

»Wenn du ihn für treu hältst, wirst du ihn auch treu machen.«

Seneca (4 vor bis 65 nach Christus), römischer Philosoph

Die Studien über die selbsterfüllende Prophezeiung zeigen deutlich, dass Menschen, die als vertrauenswürdig angesehen werden, dazu neigen, sich vertrauenswürdig zu verhalten. Auf jeden Fall ist die Aussage »Ich vertraue dir«! zielführender als »Vertrau mir«! Vertrauen einzufordern ist leicht, bringt uns jedoch nicht weiter. Vertrauen zu schenken, heißt, wir investieren in unser Gegenüber, bevor etwas zurückgegeben wird. Sie gibt zuerst, dann erst nimmt sie. (Vgl. Sprenger 2007: 116) Klar sollte sein, dass es für diese selbsterfüllende Prophezeiung keine Garantie gibt, natürlich gibt es Menschen, die Vertrauen missbrauchen. Deswegen ist Vertrauen so eng mit einem Risiko verbunden.

In einem Team sollte jede Person Vertrauensgeber und Vertrauensnehmer sein können. Das stärkt vertrauensvolle Beziehungen untereinander. Und Sie erinnern sich: Vertrauensvolle Beziehungen lassen Menschen aufblühen und stärken die intrinsische Motivation. Das Paradoxe dabei ist, dass Schwäche in diesem Fall eigentlich Stärke ist. Vertrauen kann man nur aufbauen, indem man sich verletzlich macht. Wenn Sie sich öffnen und sich verletzlich zeigen, ist es wahrscheinlicher, dass die Menschen Ihnen vertrauen. Doch wer zeigt sich im Team gerne verletzlich?

Tipp für Führungskräfte: Machen Sie den ersten Schritt und schenken Sie Ihrem Team Vertrauen und trauen Sie jedem Ihrer Mitarbeiter etwas zu. Sie haben dann mehr Zeit und Energie, die Sie sonst für Kontrolle aufwenden müssen. Vertrauen reduziert die Kontrollkosten.

Wie entsteht Vertrauen?

Am Anfang steht die zentrale Frage: »Kann ich dem Kollegen, dem Vorgesetzten vertrauen«? Dazu überprüfen wir meist wahrgenommene Merkmale der Vertrauenswürdigkeit, die unser Vertrauen rechtfertigen. Diese sind auf einer Metaebene ausgedrückt: Integrität, Wohlwollen und Fähigkeiten. Integrität bedeutet, dass wir unseren Werten treu bleiben und danach

Vertrauen ist ein riskantes Gefühl, es macht verletzlich.

handeln. Wichtige Werte für Vertrauen sind Ehrlichkeit, Verlässlichkeit, Fairness, Loyalität, Wertschätzung, Offenheit und Wahrhaftigkeit. Gibt es genügend Vertrauen in einem Team, dann verhalten sich die Teammitglieder wohlwollend, sie wollen zum Wohle aller beitragen. Auch die Fähigkeiten einer Person sind ein Wirkfaktor, um zu vertrauen. Fähigkeiten sind die Kombination aus Wissen, Erfahrung und Können. Wenn man kein Vertrauen in die Fähigkeiten einer Person hat, ist es schwierig, ihr zu vertrauen. Das gilt vor allem, wenn die Fähigkeiten einer Person nicht den Anforderungen entsprechen. Mit den richtigen Fähigkeiten und Erfahrungen ist es jedoch viel einfacher, jemandem zu vertrauen und sich auf ihn zu verlassen.

Die Verhaltensdimension ist das, was die andere Person tatsächlich tut – ihre Handlungen in der konkreten Situation (= Integrität). Sind ihre Handlungen mit ihren Einstellungen und Fähigkeiten kongruent? Schöne Worte allein reichen nicht aus. Was wir brauchen, sind Handlungen: Tun, was man sagt. Letztendlich kommt es also auf das Handeln an. Vertrauen zu schenken, beginnt bei uns selbst. Wie nehmen wir unsere eigene Haltung wahr? Unsere eigenen Kompetenzen und unser Verhalten? Vertrauen wir uns selbst? Ein gewisses Selbstvertrauen ist notwendig, um anderen Vertrauen zu schenken.

Was verhindert Vertrauen?

»Misstrauen entsteht, wenn das Vertrauen missbraucht wird.« (Vgl. Sprenger 2007: 125)

Aus der Praxis: In einem Stationsteam findet man am Morgen die Kurven zerrissen im Mülleimer. Über erste Verdachtsmomente, wer es gewesen sein könnte, wird getuschelt und Verdächtigungen stehen im Raum. Dann verschwinden gerichtete Medikamente und schon breitet sich das Misstrauen weiter aus. Dieses Team hat es versäumt, offen über die Vorfälle zu sprechen und genau das war der Nährboden für Misstrauen. Zu allem Unglück war in

Vertrauens-Kreislauf

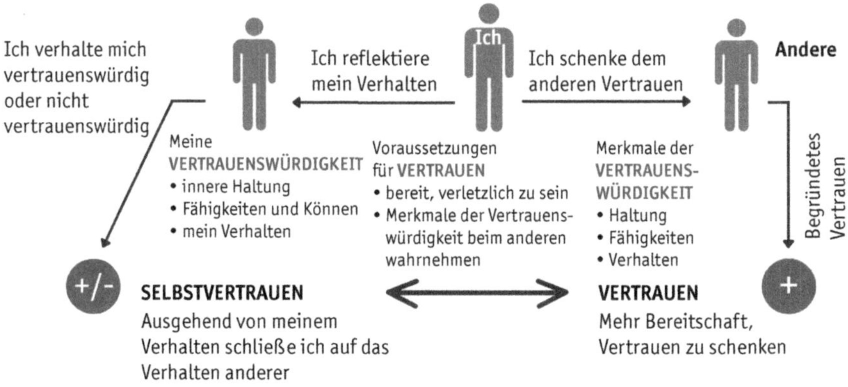

Ich verhalte mich vertrauenswürdig oder nicht vertrauenswürdig

Ich reflektiere mein Verhalten

Ich

Ich schenke dem anderen Vertrauen

Andere

Begründetes Vertrauen

Meine VERTRAUENSWÜRDIGKEIT
• innere Haltung
• Fähigkeiten und Können
• mein Verhalten

Voraussetzungen für VERTRAUEN
• bereit, verletzlich zu sein
• Merkmale der Vertrauenswürdigkeit beim anderen wahrnehmen

Merkmale der VERTRAUENSWÜRDIGKEIT
• Haltung
• Fähigkeiten
• Verhalten

+/-

SELBSTVERTRAUEN
Ausgehend von meinem Verhalten schließe ich auf das Verhalten anderer

VERTRAUEN
Mehr Bereitschaft, Vertrauen zu schenken

+

Angelehnt an den Regelkreis im Buch »Vertrauen gewinnt«

dieser Zeit die Stationsleitung auf Fortbildung und das Team war von sich aus nicht in der Lage, in einen offenen Austausch zu gehen. Es wurde immer nur in kleinen Grüppchen darüber gesprochen, immer mehr Gerüchte entstanden. Das Thema verschwundene Medikamente konnte leicht geklärt werden, die sind einfach hinter den Computer gerutscht. Und vermutlich gibt es für die Kurvengeschichte auch eine nachvollziehbare Erklärung. Es wird Gespräche und Zeit brauchen, bis sich das Misstrauen wieder langsam in eine vertrauensvolle Stimmung wandelt. Dafür sind Teammitglieder wichtig, die von sich aus ins Vertrauen gehen, die eine Vorbildfunktion übernehmen und dann hoffentlich die anderen anstecken.

Vertrauen hat viel damit zu tun, ob ich mich integer verhalte und ob ich ehrlich bin. Sehr schnell finden wir gute Gründe, warum wir mit der Wahrheit nicht herausrücken oder nur einen Teil der Wahrheit erzählen. Wir wollen sie dem Gegenüber nicht zumuten, wir haben Angst, nicht mehr gemocht zu werden, vielleicht fehlen noch Informationen und wir warten mit der Wahrheit oder wir denken, mein Gegenüber kann die Wahrheit nicht verkraften – es könnte uns selbst negativ ausgelegt werden. Es sind sicher nachvollziehbare Gründe und gleichzeitig bezahlen wir zumindest mit einem kleinen Vertrauensverlust. Denn häufig spürt unser Gegenüber, dass wir nicht ganz ehrlich sind. Manchmal sind die vermeintlich guten Gründe auch billige Ausreden. Wir unterschätzen unser Gegenüber. Doch eins ist klar, unser Gegenüber spürt sehr genau, was los ist – auch wenn er es nicht genau benennen kann. Gerade im Team Wahrheiten zu verschweigen, hat oft fatale Folgen für den Teamgeist. Es wird dann übereinander und nicht mehr miteinander gesprochen. Und das Getratsche übereinander entspricht noch viel weniger der Wahrheit und untergräbt gegenseitiges Vertrauen massiv.

Andere Verhaltensweisen, die das Vertrauen zerstören können, sind unter anderem: Vereinbarungen werden nicht eingehalten, Kollegen stellen ihre eigenen Interessen in den Vordergrund, Vorgesetzte und Kollegen wollen die absolute Kontrolle behalten, sie sagen das eine und tun das andere, entschuldigen sich nie für Fehler oder unangemessenes Verhalten, geben vertrauliche Informationen weiter oder verbreiten Gerüchte, treffen Entscheidungen, ohne das Team einzubeziehen, spielen Kollegen gegeneinander aus und geben bestimmten Kollegen eine Vorzugsbehandlung oder machen sie zu Lieblingen. Diese Liste ist nicht erschöpfend, gibt aber einen Überblick über Verhaltensweisen, die zu vermeiden sind, wenn man Vertrauen aufbauen und erhalten will.

Die Wahrheit, vor allem unangenehme Wahrheiten wertschätzend auszusprechen zahlt sich aus, alles andere kann besonders der Team-Resilienz sehr schaden. Wo Menschen zusammenarbeiten, gibt es Missverständnisse, Reibereien und Konflikte. Erlebt ein Team, dass kritische Verhaltensweise angesprochen und geklärt werden können, wächst das Zutrauen miteinander und damit auch das Vertrauen.

Wie kann Vertrauen im Alltag eines Teams gelingen?

Ein erster wichtiger Schritt ist: Wenn wir Vertrauen zu anderen aufbauen wollen, dann müssen wir ihnen zeigen, dass wir an ihnen interessiert sind, dass wir sie kennenlernen wollen. Dafür braucht es Räume des Kennenlernens. Bei der Arbeit verhalten sich die Mitarbeiter in der Regel entsprechend ihrer Rolle, die sie innehaben. Wenn zum Beispiel der Vorgesetzte spricht, wird von den Mitarbeitern erwartet, dass sie zuhören und die Aufgaben erledigen. In der westlichen Kultur sind gerade auf der Arbeit aufgabenorientierte Beziehungen viel stärker verbreitet als persönliche Beziehungen. Diese Beziehungen werden oft als professionell bezeichnet, was bedeutet, dass man kompetent zusammenarbeitet, die persönliche Ebene ist der Aufgabenorientierung untergeordnet. Sich auf einer persönlichen oder sogar emotionalen Ebene zu engagieren, wird oft als unprofessionell bezeichnet. Bestimmt kennen Sie den Satz: »Bleiben Sie sachlich«!

Ich erinnere mich an die deutliche Aussage einer Seminarteilnehmerin, die ihrer Chefin niemals ihre Gefühle zeigen würde. Sie hat damit schlechte Erfahrungen gemacht, also lässt sie es. Man könnte auch sagen, diese Mitarbeiterin hat das Vertrauen in ihre Chefin verloren. Sie hat eher die Sorge oder vielleicht sogar die Angst, dass mit ihren Gefühlen schlecht umgegangen wird. So hat sie entschieden, sich nur noch sachlich und professionell zu zeigen.

Schade, so bekommt ihre Vorgesetzte nur einen Teil von der Mitarbeiterin mit und von vertrauensvoller Zusammenarbeit können wir hier nicht reden – es wird lediglich die Arbeit erledigt. Außerdem ist es einfach anstrengend, sich nur noch sachlich zu verhalten.

Aufgabenorientierte Beziehungen betrachten wir vorwiegend als unpersönlich und gefühlsneutral. Die große Frage ist, ob es weiterhin sinnvoll sein wird, die Arbeitsbeziehungen professionell und wenig persönlich zu gestalten, wenn die Aufgaben komplexer werden und die kulturelle Vielfalt zunimmt. Oder wird ein gewisses Maß an persönlicher Beziehung notwendig sein, um die Arbeit leichter zu bewältigen? Der Fokus auf die Aufgabenorientiertheit und die professionelle Rolle schafft ungünstige Bedingungen für den Vertrauensaufbau. Fakt ist jedoch, dass wir bezüglich Aufgabenerledigung voneinander abhängig sind, egal welche Rolle und welchen Status wir innehaben. Die Mitarbeiter sind vom Chef abhängig und der Chef von seinen Mitarbeitern. Gerade jetzt in Zeiten des Fachkräftemangels spüren Unternehmen und ihre Führungskräfte, wie abhängig sie von guten Mitarbeitern sind. Darum ist es so wichtig – auch für Team-Resilienz, Vertrauen auf stabile Füße zu stellen und dafür zu sorgen, dass die aufgabenorientierte Beziehung auch mit einer persönlichen Komponente gelebt wird. Persönliche Beziehungen aufzubauen, ist kein Hexenwerk. Das kann in allen möglichen Situationen im Arbeitsalltag gelebt werden.

Edmondson hat in einer Studie über Herzchirurgieteams herausgefunden, dass einige Teams die komplizierte Herzoperation besser durchführten als andere. Sie wollte wissen, woran das lag und untersuchte die Umstände. In der Cafeteria nahm sie wahr, dass das Personal nach Hierarchie und Berufsgruppe geordnet Mittag aß. Da gab es jedoch Operationsteams, die unabhängig von ihrer Rolle gemeinsam an einem Tisch die Mittagspause verbrachten. Diese Mittagszeit ermöglichte ihnen, sich besser kennenzulernen, das war ihnen wohl auch wichtiger, als mit Kollegen auf der gleichen Hierarchiestufe zusammen zu sein. Das waren dann genau jene Teams, die Herzoperationen besser durchführten. »Edmondsons Studie hat gezeigt, dass jene Teams, die den komplexen chirurgischen Prozess erfolgreich anwenden konnten, besondere Anstrengungen unternommen hatten, um zusammen als Team zu lernen und dadurch Statusunterschiede zu verringern und sich die gegenseitige Abhängigkeit bewusst zu machen. Gemeinsam zu essen war nur eine von vielen Aktivitäten, die ihre Beziehungen personalisierten«. (Schein 2016: 98 ff.)

Sich der gegenseitigen Abhängigkeit bewusst zu sein, macht zum einen verletzlich und im positiven Sinn kann es eine demütige Haltung fördern. Selbst der Geschäftsführer kann sein Unternehmen nicht ohne die Mitarbeiter erfolgreich führen. Ich glaube, etwas mehr Demut steht uns allen gut und es fällt uns kein Zacken aus der Krone. Vertrauen im Kontext von Arbeitsbeziehungen heißt, die Mitarbeiter und Kollegen anzuerkennen, ihnen zuzuhören, sie nicht zu demütigen, nicht zu beschämen, die Wahrheit auszusprechen und zuverlässig zu sein. So ist ein weiterer wichtiger Baustein: Achtsames Zuhören! Das klingt schon fast banal, ist es aber nicht. Sind wir selbst emotionalisiert, fällt es uns schwer, wertfrei zuzuhören. Wir hören nur das, was unsere eigene eingeschränkte Sichtweise bestätigt und rechtfertigt.

Viele sehen (beziehungsweise hören) die Dinge nicht, wie sie sind, sondern durch die Brille ihrer verdrängten Bedürfnisse, ihrer Emotionen, ihrer Angst oder ihres Misstrauens. Wir müssen daher mehr Anstrengung unternehmen, damit die Menschen lernen, erfolgreich zu kommunizieren. Das heißt im Wesentlichen: Wir müssen lernen, wie man achtsam zuhört. Am besten wir fangen bei uns selbst an und trainieren aufmerksames Zuhören. Es ist ein Zuhören, das verstehen will. Mit einer ehrlichen und neugierigen Haltung, das Gegenüber verstehen zu wollen, ist die Basis für den gegenseitigen Vertrauensaufbau. Das heißt nicht, dass ich mit der Meinung oder der Sichtweise meines Gegenübers einverstanden sein muss. Vertrauensaufbau ist nicht als weitere Technik oder funktional zu verstehen. Echtes Vertrauen wirkt nur mit einer interessierten und wertschätzenden Haltung.

Vertrauen ist in all unseren Beziehungen wichtig, egal, ob es sich um Beziehungen zu Freunden, zur Familie oder zu Arbeitskollegen handelt. Wenn wir jemandem vertrauen, sind wir davon überzeugt, dass er uns unterstützen und unsere Bedürfnisse so weit wie möglich erfüllen kann. Wir fühlen uns sicher, wenn wir unsere Gedanken und Gefühle mit ihnen teilen.

Vertrauen ist die Erwartung, dass jemand in der Zukunft das tun wird, was zugesagt wird. Wenn wir anderen vertrauen, gewähren wir ihnen einen Vertrauensvorschuss. Das kann der Fall sein, wenn wir um Hilfe bitten. Oder dass wir nicht verurteilt werden, wenn wir unsere eigenen Fehler zugeben. Anderen zu vertrauen, hilft uns, starke und tragfähige Beziehungen aufzubauen. Wenn sich die Kollegen auf einer persönlichen Ebene kennen, ist es einfacher, Vertrauen aufzubauen. Vertrauen wird auch immer wieder getestet, im Sinne von, kann ich noch vertrauen oder ist was vorgefallen, dass mich misstrauen lässt. Vertrauen wächst durch Vertrautheit. Vertraut werden wir miteinander, wenn wir uns für den anderen interessieren und Zeit miteinander verbringen, auch außerhalb der Arbeit.

Für Führungskräfte: Wenn Sie mit Ihren Mitarbeitern, ihrem Team eine vertrauensvollere Beziehung wollen, wie würden Sie dabei vorgehen? Wie persönlich wären Sie bereit zu sein? Trauen Sie sich, sich verletzlich zu zeigen.

Für die kollegiale Ebene: Wie persönlich wollen Sie sich bei der Arbeit zeigen? Wie steht es mit unserem gegenseitigen Vertrauen? Was ist der nächste kleine Schritt für mehr Vertrauen? Wagen Sie Vertrauen und bauen Sie starke Beziehungen im Team auf. (➲ Playbox)

5.4 Kraftquelle Sinn

Die Frage nach dem Sinn des Lebens haben sich die Menschen schon immer gestellt. Schon der griechische Philosoph, Aristoteles bezeichnete den Menschen als ein Wesen, das nach einem »sinnvollen Leben« strebt.

»Wir verlangen, das Leben müsse Sinn haben – aber es hat nur ganz genau so viel Sinn, als wir selber ihm zu geben imstande sind.«

Hermann Hesse (1877–1962),
deutsch-schweizerischer Schriftsteller, Dichter und Maler

Sinnquelle Arbeit

Es ist erwiesen, dass sich ein klarer Sinn positiv auf die geistige und körperliche Gesundheit, das Wohlbefinden, die Motivation, die Arbeitszufriedenheit und das Engagement für die Arbeit auswirkt. (Vgl. Hardering 2020: 107) Wer seine Arbeit und sein Leben im Allgemeinen als sinnvoll empfindet, ist grundsätzlich resilienter.

Der empfundene Sinn ist ein weiterer Schlüssel zur Entwicklung von Resilienz. Sinn ist das Fundament, auf dem wir unsere Stärke, unseren Mut und unsere Fähigkeit, Widrigkeiten zu überwinden, aufbauen. Sinn ist die ultimative Quelle unserer inneren Stärke und Kraft, die es uns ermöglicht, uns von schwierigen Zeiten zu erholen und trotz aller Herausforderungen resilient zu bleiben. Die private und die berufliche Sinnerfüllung sind eng miteinander verknüpft und können sich gegenseitig beeinflussen, einschränken oder sogar ausgleichen.

Sinn ist die ultimative Quelle unser inneren Stärke und Kraft.

Was bedeutet es genau, Arbeit als sinnvoll zu erleben? Ist es ein persönliches Gefühl der Zufriedenheit mit der Arbeit, oder geht es eher darum, anderen zu helfen oder ein Gefühl der Selbstverwirklichung zu erreichen? (Vgl. Hardering 2020: 107) Oder ist es eine Mischung von allem?

Die Coronapandemie hat unsere Aufmerksamkeit auf systemrelevante Arbeit gelenkt. Damit sind Arbeitsplätze gemeint, die für das Funktionieren der Gesellschaft unerlässlich sind, wie zum Beispiel die Arbeit von Pflegekräften, Ärzten oder Kassierern im Supermarkt. So hat uns die Coronapandemie gelehrt, mit einem neuen Blick auf sinnvolle Arbeit zu blicken. In der Forschung wird immer wieder darauf hingewiesen, dass es kein eindeutiges Konzept von sinnvoller Arbeit gibt. Bereits der Begriff »Sinn« ist unscharf. Darüber hinaus bezieht sich der Begriff »Sinn« nicht nur auf individuelle Erfahrungen und Wahrnehmungen, sondern auch auf das gemeinsame Verständnis der Sinnhaftigkeit von Arbeit in einem sozialen Kontext. Sinn kann also in den kollektiven Werten, Überzeugungen und Normen gefunden werden, die der Arbeit und ihrem Zweck zugeschrieben werden.

Grundsätzlich geht man davon aus, dass sich ein Gefühl der Erfüllung bei der Arbeit einstellt, wenn man in der Lage ist, die Aufgaben, die man in seinem Job erledigt, mit seinem persönlichen Lebensziel verbinden kann. Hier sehen Sie, dass Sinn in der Arbeit sehr weitgefasst ist.

»Sinnerfüllung bedeutet zu wissen, warum und wofür man arbeitet.«

Friedericke Hardering, Autorin

Es können verschiedene Bedeutungen von sinnvoller Arbeit differenziert werden: (Hardering 2015)

- Arbeit, die gesellschaftlich nützlich ist, kann als sinnvolle Arbeit betrachtet werden. Solche Tätigkeiten oder Berufe werden als positiv für die Gesellschaft angesehen und werden auch oft von den Menschen als erfüllend empfunden. (Vgl. Hardering 2020: 157)
- Sinnvolle Arbeit als gute Arbeit. Damit ist Arbeit gemeint, die Würde verleiht und persönliches Wachstum und Wohlbefinden fördert. Sie wird durch Merkmale wie Aufgabenkomplexität, Ganzheitlichkeit und Sinnhaftigkeit unterstützt. Darüber hinaus ist sie mit guten Arbeitsbedingungen verbunden, einschließlich fairer Bezahlung, sozialer Sicherheit und Arbeitsplatzsicherheit. (Vgl. Hardering 2020: 156)
- Sinnvolle Arbeit als subjektiv bedeutsame Arbeit. Die Arbeit kann als sinnvoll angesehen werden, wenn sie von den Beschäftigten selbst als solche wahrgenommen wird. Diese Bewertung beruht auf der Person und nicht auf der Arbeitsleistung oder dem Arbeitsumfeld. Die Qualität der Arbeit und die Bedingungen, unter denen sie verrichtet wird, fließen in diese persönliche Bewertung ein. (Vgl. Hardering 2020: 171)

Es ist erwähnenswert, dass es verschiedene Perspektiven auf sinnvolle Arbeit gibt, sowohl auf gesellschaftlicher als auch auf individueller Basis. Außerdem gibt es Verbindungen zwischen den verschiedenen Arten von sinnvoller Arbeit, die beschrieben wurden. Wie Bailey und Madden (Bailey 2016: 55) erklären, kann man ein Gefühl der Erfüllung durch die Arbeit oder der Sinnhaftigkeit erlangen, wenn jemand eine echte Verbindung zwischen seiner Arbeit und einem größeren Lebenszweck sieht. Dies ermöglicht es, die Arbeit in die eigene Identität und in das umfassendere Verständnis des Lebenssinns einzubinden.

Die Forschung zur individuellen Perspektive auf Sinn in der Arbeit betont die Vorstellung, dass Sinnfindung als eine persönliche Schöpfung angesehen wird, siehe auch Zitat von Hesse. Diese Bedeutungszuschreibung prägt die Wahrnehmung der (Arbeits-)Welt und die Bewertung von Veränderungen durch den Einzelnen. Sowohl Viktor Frankl als auch Aaron Antonovsky erörterten in ihren Arbeiten das Konzept der Bedeutung und dienten als Inspirationsquelle für weitere Forschungen über sinnvolle Arbeit.

»Wer um den Sinn seines Lebens weiß, dem verhilft dieses Bewusstsein mehr als alles andere, äußere Schwierigkeiten und innere Beschwerden zu überwinden.«

Viktor E. Frankl (1905–1997), Neurologe und Psychiater

Dieses Zitat bringt Frankls Sichtweise auf den Sinn zum Ausdruck. Ihm selbst ist dies unter extrem schwierigen Umständen gelungen. Er hat mehrere Konzentrationslager überlebt und hat sich selbst immer wieder mit einem starken Sinnbild von seiner Zukunft ermutigt, durchzuhalten. Dabei hat er auch seine Mitmenschen unterstützt. Für ihn ist Lebenssinn eine Quelle der Widerstandsfähigkeit in schwierigen Zeiten. Frankl glaubte an die Kraft des Geistes, selbst den aussichtslosesten Situationen einen Sinn zu geben und sein Leben selbst in die Hand zu nehmen.

Aaron Antonovskys Untersuchungen an Überlebenden von Konzentrationslagern haben gezeigt, dass einige Menschen trotz der extremen Widrigkeiten, denen sie ausgesetzt waren, ihr psychisches Wohlbefinden aufrechterhalten konnten. In seinem Salutogenese-Modell hat allgemein Sinn und der Sinn in der Arbeit die stärkste Wirkkraft auf die Gesundheit und das Wohlbefinden. Sinn kann somit zurecht als starker Schutzfaktor in stürmischen Zeiten genannt werden.

Kleine Geschichte

Es war einmal eine junge Frau, die auf der Suche nach etwas war. Sie wollte einen Weg finden, ihrem Leben einen Sinn zu geben. Sie probierte alles aus, von spirituellen Praktiken bis hin zu Karrierewegen, aber nichts schien ihr wahre Freude oder Erfüllung zu bringen. Eines Tages stolperte sie bei einem Spaziergang über einen kleinen Garten. Darin standen zwei Bäume, die jeweils unterschiedliche Früchte trugen. Der eine Baum trug eine Frucht der allgemeinen Erfüllung, der andere Baum trug eine Frucht der beruflichen Erfüllung. Die junge Frau war fasziniert, griff nach einer der beiden Früchte und pflückte sie. Als sie hineinbiss, verstand sie plötzlich, wie die beiden Arten der Erfüllung zusammenhängen und wie sie sich gegenseitig befruchten, begrenzen und sogar ausgleichen können. Die junge Frau erkannte, dass es bei der Erfüllung auf ein Gleichgewicht ankommt. Ein Zuviel an allgemeiner Erfüllung könnte zu Stagnation führen, während ein Zuviel an beruflicher Erfüllung zu einem Mangel an Zufriedenheit führen könnte. Die beiden Arten der Erfüllung müssen in Harmonie sein. Die junge Frau fand schließlich ihre wahre Freude und Erfüllung im Leben. Sie nutzte das Wissen, das sie aus den beiden Früchten gewonnen hatte, um ihr Leben ins Gleichgewicht zu bringen, und war in der Lage, sowohl allgemeine als auch berufliche Erfüllung zu finden.

Berufliche Erfüllung ist erreicht, wenn eine Person den Wert ihrer Arbeit für sich und andere erkennt; wenn sie sich als Teil eines Teams oder einer Organisation fühlt und es keine Diskrepanz zwischen ihren Interessen, Fähigkeiten, Werten und den Arbeitsanforderungen gibt. Dies wiederum führt zu hohem Engagement. Die intrinsische Motivation und das Verantwortungsbewusstsein werden gestärkt.

Es gibt allerdings auch eine dunkle Seite – die Überidentifikation mit dem Sinn. Eine Arbeit wird als extrem sinnvoll angesehen und das kann zu einer Überidentifikation führen. Das wird zur Gesundheitsfalle. Es besteht dann die Gefahr der Selbstausbeutung, was auch leicht vom Arbeitgeber oder von den Kollegen ausgenutzt werden kann. Dieses Phänomen ist derzeit in vielen sozialen Berufen, wie zum Beispiel bei Pflegekräften zu beobachten. Sie machen eine höchst sinnvolle Arbeit und fühlen sich verpflichtet, für die Patienten und Kollegen zur Arbeit zu kommen, auch wenn sie erschöpft und krank sind. Leider wurde und wird ihr Engagement ausgenutzt. Das führt dann zu einem Punkt, an dem sich erst sinnvolle Arbeit in sinnentleerte Arbeit wandelt. Die sinnentleerte Arbeit erleben Pflegekräfte in der Weise, dass sie Pflege nicht mehr so ausüben können, wie es ihren eigenen Ansprüchen entspricht. Aus dieser Unzufriedenheit heraus steigen seit einigen Jahren viele Pflegekräfte aus ihrem Beruf aus. Obwohl sie grundsätzlich die Pflegearbeit lieben.

Sinnhaftigkeit drückt sich aus in der Kohärenz und Passung innerhalb und zwischen den Lebensbereichen, in der Wirksamkeit und Resonanz des eigenen Handelns, in der Richtung des eigenen Lebensweges und in der Selbstwahrnehmung, Teil eines größeren Ganzen zu sein. Es ist eine Idee, die die vielen Aspekte des Lebens umfasst, die zum allgemeinen Gefühl von Sinn und Erfüllung des Menschen beitragen. (Badura/Ducki 2018:11)

Im Zentrum des Konzepts der Sinnerfüllung steht der grundlegende Glaube an die Bedeutung des eigenen Lebens. Dieses Vertrauen beruht auf der (in der Regel unbewussten) Einschätzung, dass das eigene Leben kohärent, zielgerichtet, ausgerichtet und verbunden ist. (Badura/Ducki 2018: 12)

Fazit: Sinn in der Arbeit zu finden, ist also kein Luxus, sondern wirkt sich stark auf die psychische Gesundheit und die intrinsische Motivation aus.

Die Bausteine der Kraftquelle Sinn im Team

Welche Rolle spielt der Sinn in einem Team als soziales System, wenn der Sinn der eigenen Arbeit letztendlich im Auge des Betrachters liegt? Arbeit, die Lern- und Entwicklungsmöglichkeiten bietet, die ein Gefühl der Zusammengehörigkeit fördert und zum gemeinsamen Erfolg beiträgt, wird als sinnvoll erlebt. (Badura/Ducki 2018:12) Hier finden wir die zwei Bausteine, die eben nicht nur individuell zu betrachten sind, sondern nur mit anderen zusammen gelebt werden können: gemeinsamer Erfolg und Zugehörigkeit. Sie erinnern sich, nur gemeinsam, sprich in einem Team, können bestimmte Aufgaben erfolgreich erledigt und bestimmte Ziele erreicht werden. Sprechen wir vom Sinn im Team, dann sind zwei Aspekte zu betonen: Gemeinsam ein Ziel erreichen und Zugehörigkeit.

Baustein: Bedeutsamkeit der Arbeit und gemeinsamer Erfolg
Sinn im Team entsteht, wenn die Teammitglieder an eine gemeinsame und bedeutsame Sache glauben, wenn sie eine starke gemeinsame Mission haben. Wenn das Team weiß, welchen Zweck seine Arbeit hat und wie sie sich positiv auf andere auswirkt, kann das eine große Sinnquelle sein. Der wichtigste Faktor für das Gefühl, dass die Arbeit sinnvoll ist, ist vielleicht das Wissen um den Beitrag, den ein Team zum Nutzen für andere Abteilungen, für Kunden et cetera erbringt. Zum Beispiel ist es für viele jüngere Mitarbeiter höchst bedeutsam, sinnvoller Arbeit nachzugehen und nachhaltige Produkte zu entwickeln.

Eine Führungskraft erzählte im Seminar, dass er seinen Mitarbeitern in einer großen Personalabteilung die Wichtigkeit und den Zweck insbesondere von eher langweilig empfundenen Routineaufgaben von Zeit zu Zeit ins Gedächtnis ruft. Das fördert zum einen die Motivation und auch das Gefühl, gemeinsam einen bedeutsamen Beitrag für die Kollegen und das ganze Unternehmen zu erbringen. Noch effektiver ist, wenn ein Team direkt ein positives Feedback oder Dankbarkeit rückgemeldet bekommt. So wird ein Team direkt und persönlich mit den positiven Auswirkungen ihrer Ergebnisse konfrontiert. »Diese Momente der Anerkennung wirken als Ressourcen und helfen auch dann, wenn die Arbeit wieder belastend oder frustrierend ist«. (Hardering 2020: 354)

Tipp: Nehmen Sie sich im Team regelmäßig Zeit, um sich mit diesem Zweck auseinanderzusetzen und eine klare und verständliche Zweck-Formulierung zu entwickeln. Führen Sie mit dem Team ein Brainstorming durch, um die positiven Auswirkungen dieses Ziels auf andere Teams im Unternehmen und auf die Kunden zu ermitteln. Lassen Sie alles auflisten, was die Umwelt davon hat, dass das Team seine Aufgaben erledigt, wie sich das Leben der Kollegen oder Kunden verbessern wird und wer davon begeistert sein wird.

Die Bedeutsamkeit der Arbeit eines Teams wird oft im Alltag übersehen und vergessen. Die positive Wirkung, die sie auf ihr Umfeld hat, ist jedoch unbestreitbar. Ihre Leistungen in den Vordergrund zu stellen, hilft, den gemeinsamen Erfolg anzuerkennen und zu feiern. So könnte sich ein Teammitglied am Ende eines Arbeitstages fragen: Was habe ich heute zum Teamerfolg beigetragen? Dies können eine Reihe von Dingen sein, wie zum Beispiel einen Kollegen ermutigen, ihm zuhören, alltägliche Aufgaben erledigen, einem Kollegen einen Kaffee bringen oder einfach eine gute Zeit bei der Zusammenarbeit mit anderen zu haben. Diese kleinen, persönlichen Dinge können an Tagen, an denen die Motivation gering ist, hilfreich sein.

Gesundheitswissenschaftler weisen darauf hin, dass ein starker Gemeinschaftssinn sowohl für den kollektiven Erfolg als auch für das individuelle Wohlbefinden von Vorteil sein kann. (Badura/Ducki 2018:1) Des Weiteren gibt es eine Wechselwirkung von individuellem Sinn und Sinn in einem Team, in einer Organisation. Gemeinsam ein Ziel zu verfolgen, kann sowohl dem Team als auch jedem einzelnen Mitglied einen Sinn geben. Motivation, Solidarität und Engagement stellen sich leichter ein. Darüber hinaus kann das gemeinsame Ziel bei der täglichen Arbeit als Richtschnur dienen. Ganz gleich, wie deutlich das gemeinsame Ziel auch sein mag, es ist wichtig, es im Auge zu behalten und sich immer wieder daran zu erinnern.

Baustein: Zugehörigkeit

Wenn ich mich an meine ersten Tage an meinem neuen Arbeitsplatz in einer psychosomatischen Fachklinik erinnere, weiß ich noch, dass ich den Wunsch verspürte, zu diesem Team zu gehören. Das war für mich ein höchst attraktives Ziel. Dann hörte ich, wie Kollegen über ein Ständchen für die bevorstehende Geburtstagsfeier einer Kollegin diskutierten. Obwohl es schön war, zu sehen, dass sie etwas mit so viel Sorgfalt organisierten, fühlte ich mich damals erst mal ausgeschlossen. Glücklicherweise änderte sich mein Zugehörigkeitsgefühl schlagartig, als ich in der nächsten Woche eingeladen wurde. Es zeigte mir, dass die Kollegen mich in ihrem Kreis haben wollten. Ab dem Tag fühlte ich mich in diesem Team angekommen und die kollegialen Beziehungen vertieften sich mit der Zeit.

Die Qualität der sozialen Beziehungen zahlt in die Sinnhaftigkeit der eigenen Arbeit ein, was sich wiederum auf die Motivation und das Wohlbefinden auswirkt. Ich höre so oft: stimmt die Beziehung zu den Kollegen, kann die Arbeit selbst an einem stressigen Tag leichter erledigt werden und häufig haben sie auch mehr Spaß miteinander. Sich in einem Team eingebunden und zugehörig zu fühlen, ist ein grundlegendes Bedürfnis von uns Menschen. Ein Gefühl der Zugehörigkeit bedeutet, dass man sich als Teil einer größeren Gruppe wie Familie, Freunde, Kollegen, Team und Unternehmen erleben kann. Zugehörigkeit und Zusammenhalt lässt ein Team schwierige Zeiten viel besser meistern.

Aus der Praxis: Das Team Soziale Betreuung in einer Senioreneinrichtung hatte phasenweise schwierige Zeiten zu bewältigen. Es gab Zeiten mit einer autoritären Führungskraft, es gab Zeiten ganz ohne Führungskraft und sie mussten sich auf einige sehr unterschiedliche Führungskräfte einstellen. Diesem Team half der Zusammenhalt in der Gruppe. In den Supervisionen konnte ich ihnen keine passende Führungskraft backen. So haben wir am Zusammenhalt gearbeitet: Wie können Sie sich gegenseitig unterstützen –

beistehen? So manches Mal haben sie sich ganz auf sich gestellt gefühlt. Ein tragfähiger Teamboden hat über diese Zeiten geholfen. Dieses Team hat gelernt, gemeinsam die Arbeit in der Senioreneinrichtung gut zu erledigen. Hier hat nicht nur jeder Mitarbeiter einen starken persönlichen Sinn in seiner Arbeit gesehen, sondern auch die Sinndimension im Team trug dazu bei, gemeinsam gute Betreuung zu gewährleisten. Trotz lang anhaltender Schwierigkeiten hat hier niemand gekündigt, alle sind geblieben – manchmal nur wegen der Kollegen.

So kann Zugehörigkeit und Zusammenhalt Sinnerleben trotz widriger Umstände ermöglichen. Hier zeigt sich die Fähigkeit der Sinnzuschreibung auch unter schwierigen Bedingungen. Wie schon Frankl sagt, dazu ist der Mensch in der Lage. Nicht zu unterschätzen ist dabei die gegenseitige Beeinflussung. Eine Mitarbeiterin kann die anderen mit ihrer persönlichen Sinndimension anstecken.

Diesem Team ist es gelungen, ihr Miteinander zu stärken, indem sie ihre Beziehungen untereinander vertieft haben und die Zusammenarbeit möglichst wertschätzend gestaltet haben. Hier kommt hinzu, dass die Arbeit in einer Senioreneinrichtung grundsätzlich sinnstiftende Arbeit ist. Diese Dimension von Sinn kann leicht verloren gehen, wenn es viel Stress oder Druck gibt. Besonders dann gilt es, bewusst wahrzunehmen, wie sehr die Arbeit von anderen geschätzt wird. Bekommt dieses Team Dankbarkeit oder positives Feedback von den Bewohnern oder Angehörigen, dann stellt sich das Gefühl ein, einer sinnvollen Arbeit nachzugehen. Leider geht die Sinnquelle so leicht verloren und deswegen starte ich die Supervisionen häufig mit einer Runde mit kleinen schönen Erlebnissen. Meist zaubert diese Runde zumindest ein kleines Lächeln ins Gesicht. Besonders schön sind dann die Erzählungen, wie sich die Teammitglieder gegenseitig das Arbeitsleben erleichtern. Das ist eine einfache Resilienzübung im Team. Nach dieser Runde kann sich das Team immer noch mit den Schwierigkeiten und Konflikten beschäftigen.

Ein starkes Warum hilft über Belastungen und Schwierigkeiten hinweg. Wenn man sich der Bedeutung seiner Bemühungen bewusst ist und weiß, wie sie das Leben anderer Menschen verändern, ist das wahrscheinlich der wichtigste Faktor, wenn es darum geht, seiner Arbeit einen Sinn zu geben. Hier kann sich ein Team richtig gut gegenseitig unterstützen und das wirkt sich wiederum auf den Zusammenhalt aus. Das Gefühl, zu einer Gruppe zu gehören und in ihr gebraucht zu werden, ist eine wesentliche Voraussetzung für die Sinnfindung am Arbeitsplatz. Die Zugehörigkeit zu einer größeren Gemeinschaft, wie einem Team oder einer Abteilung, kann ein Gefühl der Verbundenheit vermitteln.

T. Schnell geht davon aus, dass ein direkter Zusammenhang zwischen dem Sinn des Lebens und dem Gefühl der Erfüllung im Beruf besteht. Sie bezeichnet dies als »berufliche Sinnerfüllung«, die beschrieben wird als die Erfahrung des Einzelnen, sich sinnvoll zu fühlen, eine Richtung zu haben, den Dingen einen Sinn zu geben und ein Gefühl der Verbundenheit in seinem aktuellen Arbeitsumfeld zu verspüren. (Badura/Ducki 2018: 11 ff.)

Schon vor der Coronapandemie ist das Phänomen beobachtet worden, dass das Zugehörigkeitsgefühl am Arbeitsplatz abgenommen hat. Berichte aus allen Teilen der Welt deuten darauf hin, dass der soziale Zusammenhalt schwindet. Es wurde die Tendenz beobachtet, dass es bei der Arbeit in letzter Zeit mehr um das Geldverdienen geht, und das hat Folgen für den sozialen Zusammenhalt. Eine Studie von Hardering kommt zu ähnlichen Befunden. »Einer der interviewten Ärzte bringt es auf den Punkt: Die Arbeit hat aufgehört, gesellig zu sein.« (Hardering 2017: 39 ff.)

Ich hoffe, dass Sie jetzt nicht denken, dass die Arbeit auch noch gesellig sein muss! Natürlich muss sie nicht grundsätzlich gesellig sein, es sollte jedoch wieder mehr gemeinschaftliche Momente geben, die dem Mitarbeiter das Gefühl der Zugehörigkeit geben. Die Coronapandemie hat diesen

Zugehörigkeit vermittelt ein Gefühl der Sicherheit und stärkt das Wohlbefinden.

Prozess noch verstärkt. Viele haben im Homeoffice vor sich hingearbeitet. In den Kliniken und Senioreneinrichtungen durften die Mitarbeiter nicht mehr gemeinsam frühstücken, nur noch die notwendigsten Besprechungen waren erlaubt. Die Lehrer mussten ihre Schüler vor dem Bildschirm unterrichten. Das hat zu einer gewissen Entfremdung im zwischenmenschlichen Bereich geführt, man hat nur noch einen kleinen Ausschnitt von den Kollegen mitbekommen. Dieses eingeschränkte Zugehörigkeitsgefühl mindert das Sinnerleben bei der Arbeit.

Tipp: Stärken Sie das Zugehörigkeitsgefühl und daraus kann sich ein starkes Wir entwickeln.

Zugehörigkeit braucht gemeinsame Erfahrungen, Erlebnisräume, ein Gefühl des Stolzes auf das Erreichte und auf die Erfolge. Von Zeit zu Zeit ist es gut, wenn ein Team zusammenkommt und etwas gemeinsam unternimmt und miteinander feiert. Das sollte auch außerhalb der Arbeit möglich sein. Das kann die klassische Weihnachtsfeier sein oder ein Ausflug oder andere gemeinsame Aktivitäten. In einem anderen Rahmen lernen die Kollegen sich auf andere Weise kennen und erzählen auch Privates, was sie im Arbeitskontext nicht erzählt hätten.

Ich schreibe das Buch gerade in der Vorweihnachtszeit und bekomme in meinen Supervisionen und Teamentwicklungen mit, wie viel Freude entsteht, wenn das Weihnachtsessen geplant wird. Da geht mein Herz auf, weil genau solche Aktionen, das Zugehörigkeitsgefühl festigen. Egal, wie es unter dem Jahr war, die Weihnachtsfeier wird stattfinden.

Aus der Praxis: Es war der zweite Tag eines mehrteiligen Managementkurses. Die Seminargruppe beschloss, einen Bowlingabend zu veranstalten und lud alle Teilnehmer und auch mich ein. Zuerst war ich etwas zögerlich. Ich bin kein begeisterter Bowlingspieler, und ich hatte schon lange keine

Bowlingbahn mehr gesehen. Aber ich beschloss, mitzumachen und ich bin froh, dass ich mich durchgerungen habe. Mir fiel einer der Seminarteilnehmer auf, den ich als Macho eingestuft hatte. Zu meiner Überraschung war er derjenige, der mir zeigte, wie man die Kugel hält und auf die Bahn wirft. Er war die ganze Zeit über sehr hilfsbereit und ich war wirklich gerührt von seiner Freundlichkeit und Geduld. Mein Bild von diesem Seminarteilnehmer hatte sich nach diesem Abend verändert. Ich erkannte, dass er nicht nur ein Macho war, sondern auch eine fürsorgliche Seite hatte. Das war eine Erfahrung, die ich nie gemacht hätte, wenn ich nicht zum Bowlingabend gegangen wäre.

Mitarbeiter in einem Team erleben genau das, wenn sie sich zu gemeinsamen Aktivitäten treffen. Es bringt Seiten in den Menschen zum Vorschein, die vorher vielleicht übersehen oder auch nicht gezeigt wurden. Aus dem Grund sind Aktivitäten außerhalb der Arbeit so bedeutsam und dürfen in ihrer Wirkung nicht unterschätzt werden. Ein Team mit Wirgefühl ist attraktiv für neue Teammitglieder; so ein Team zieht regelrecht neue Mitarbeiter an. Erinnern Sie sich an meine Erfahrung in der Klinik. Ich wusste schon vorher, dass das psychotherapeutische Team einen richtig guten Zusammenhalt hat.

Die Zugehörigkeit und das Wirgefühl ist facettenreich. Das Wirgefühl entsteht, wenn das Team auf mehreren Ebenen vereint ist. Je größer die Beteiligung an gemeinsamen Aktivitäten, desto stärker sind die Bindung und das allgemeine Zusammengehörigkeitsgefühl. Bei Aktivitäten außerhalb der Arbeit empfehle ich immer Freiwilligkeit. Es gibt Menschen, die fühlen sich in ihrer Rolle auf der Arbeit sicher und auch wohl, aber privat wird es ihnen schnell zu nah und zu anstrengend. Das muss immer respektiert werden, ohne dass dieser Mensch ausgeschlossen werden darf. Es sollte ein respektvoller Zusammenhalt gelebt werden. Diversität sollte ausdrücklich erwünscht sein und zur gegenseitigen Bereicherung dienen.

Weitere Nutzen von Botschaften für Zugehörigkeit: Ein geachtetes Mitglied eines Teams zu sein, bietet Sicherheit und Wohlbefinden. Evolutionär gesehen waren unsere Überlebenschancen ohne den Schutz einer Gruppe gering. Daher war die Zugehörigkeit zu einer Gruppe für unser Überleben unerlässlich. Diese Vorstellung ist nach wie vor tief in unserer Genetik verankert und zeigt sich auch in unserem Arbeitsleben. Infolgedessen können Ausgrenzung und Mobbing dazu führen, dass Mitarbeiter in Not geraten und Aggressionen oder Depressionen entstehen oder sich verstärken. Dies wiederum vermindert die Produktion des Beruhigungshormons Serotonin und führt letztlich zu einer Störung der kognitiven Funktionen. Die bedauerliche Realität ist, dass die Arbeitsleistung von Arbeitnehmern, die sich ausgeschlossen fühlen, schnell abnimmt. So entsteht ein Teufelskreis, der nur schwer zu durchbrechen ist und mit der Zeit zu schlechteren Arbeitsergebnissen führt. Dann sind proaktive Maßnahmen zu ergreifen, dass sich ausgeschlossene Mitarbeiter wieder wertgeschätzt und einbezogen fühlen.

Das Gefühl der Verbundenheit und Zugehörigkeit wird durch Akzeptanz und gemeinsames Handeln erreicht. Diese Prozesse werden von der Ausschüttung des Hormons Oxytocin begleitet, das auch als Kuschelhormon bekannt ist. Oxytocin hat beruhigende und gesundheitsfördernde Wirkungen und wird in größeren Mengen ausgeschüttet, wenn wir jemandem begegnen, zu dem wir eine starke Bindung aufbauen möchten. Es kann das Vertrauen stärken und positive soziale Beziehungen fördern, was letztlich zu mehr Wohlbefinden und Freude führt. Indem positive soziale Interaktionen belohnt werden, trägt es zur Stärkung von Beziehungen und zur Verbesserung des allgemeinen Wohlbefindens bei. Einem Kollegen das Gefühl zu geben, dass er dazugehört, kann schon mit ein paar einfachen Gesten erreicht werden: ein Lächeln, ein Händedruck oder ein freundlicher Blick. Darüber hinaus ist die Unterstützung ihrer Handlungen, das Lob für ihre Bemühungen, die Erwähnung ihres Namens und die Anerkennung ihrer Leistungen wirksame Mittel, um ein Gefühl der Zugehörigkeit zu fördern. Diese kleinen

Gesten sind unglaublich wirkungsvoll und vermitteln das Gefühl, respektiert, angenommen und geschätzt zu werden. Wie wäre es, lächeln Sie heute mal einen Kollegen an, dem Sie nicht ganz so nahestehen. Drücken Sie Ihre Wertschätzung auch für eine selbstverständliche Dinge aus. Damit fördern Sie die Zugehörigkeit und das Wirgefühl.

Eine Untersuchung von Theo Schoenacker (Individualpsychologe) an tausend Mitarbeitern verschiedener Branchen zum Zugehörigkeitsgefühl hat herausgefunden: Das Gefühl der Zugehörigkeit kann zu vielen positiven Emotionen und Vorteilen führen. Es führt nicht nur zu mehr Fitness, Aktivität, Belastbarkeit und Glück, sondern auch zu einem Gefühl von Sicherheit, Wertschätzung und Akzeptanz und dem Gefühl, Teil von etwas Sinnvollem zu sein. Gedanken wie »Ich bin froh, hier zu sein«, »Ich bin in Ordnung und werde gebraucht«, »Ich bin hilfreich«, sind nur einige der wunderbaren Dinge, die mit einem Gefühl der Zugehörigkeit einhergehen. Es lohnt, sich die Zeit zu nehmen, ein Umfeld zu schaffen, das gemeinsame Erfahrungen und ein Gefühl der Zugehörigkeit für alle fördert. (Akademie für Individualpsychologie GmbH 2020)

5.5 Radikale Akzeptanz und Circle of Influence

Grundsätzlich akzeptieren resiliente Menschen Veränderungen, Rückschläge, Verluste und Krisen schneller. Für sie sind Veränderungen und Krisen Teil des Lebens. Sie regen sich nicht so sehr auf wie andere, wenn etwas schiefläuft, und sie erholen sich in kürzerer Zeit von Rückschlägen.

»Gott gebe mir die Gelassenheit, die Dinge hinzunehmen, die ich nicht ändern kann, den Mut, Dinge zu ändern, die ich ändern kann, und die Weisheit, das eine vom anderen zu unterscheiden.«

Pfarrer Reinhold Niebuhr (1892–1971), vermuteter Urheber

Radikale Akzeptanz

Das ist genau das, was man in Krisen und stürmischen Zeiten braucht: Akzeptanz und Gelassenheit gepaart mit tiefer Weisheit und Entschlossenheit. In Krisenzeiten ist es wichtig, sich auf das zu konzentrieren, was realistischerweise beeinflusst werden kann. In Krisenzeiten wird oft viel gejammert, dabei wird übersehen, was man tatsächlich tun kann, um die Situation zu verbessern. Ich verwende gerne das Wort »radikal«, wenn ich über die Akzeptanz von Resilienzkompetenz spreche. Ich höre dann oft Teilnehmer sagen, dass man die Dinge einfach hinnehmen muss, und das kommt meist aus einer resignativen Haltung, die niemandem guttut. Radikale Akzeptanz ist ein mächtiges Werkzeug, das uns helfen kann, mit schwierigen Situationen umzugehen. Es bedeutet nicht, dass wir die Situation mögen müssen, aber es bedeutet, dass wir sie annehmen können, wie sie ist. Gelingt uns diese radikale Akzeptanz, sind wir raus aus dem Jammertal und es wird Energie frei für das, was möglich ist.

Ein Stolperstein bei der radikalen Akzeptanz ist, dass sie Zeit braucht; sie ist ein Prozess. Es ist normal, dass es uns nicht sofort gelingt, schwierige Situationen zu akzeptieren. Wenn wir versuchen, zu schnell in den Akzeptanzmodus zu gelangen, können die damit verbundenen Gefühle leicht unterdrückt werden. In einer Krise werden wir mit negativen und ambivalenten Gefühlen konfrontiert, und es ist gesund, sich dieser Gefühle bewusst zu sein. Deshalb ist es in meinen Teamentwicklungsworkshops auch erlaubt, sich zu beschweren – sich zu beklagen. Es ist gesund, alle damit verbundenen unangenehmen Gefühle wahrzunehmen und anzuerkennen. Doch es muss der Zeitpunkt kommen, an dem sich ein Team auf die Gestaltungsebene begibt.

Wie geht radikale Akzeptanz im Team? In einem Team befinden sich die Teammitglieder an unterschiedlichen Punkten der Akzeptanz. Einige Mitglieder beschweren sich vielleicht nur und sehen kein Licht am Horizont, während andere keine Zeit damit verbringen wollen, sich zu beschweren, sondern sich sofort auf die Lösungsebene begeben und sich an die Arbeit machen wollen. Das sind meist die Macher im Team. Die wollen die unangenehmen Gefühle schnell hinter sich lassen und aktiv werden. Das mündet manchmal in einen Überaktionismus. Und dann gibt es noch einige, die sich in der Mitte dieses Akzeptanz-Prozesses befinden.

Die systemische Sichtweise geht davon aus, dass sich das Verhalten jedes einzelnen Teammitglieds direkt auf die anderen auswirkt, entweder positiv oder negativ. Wenn ein Team von Nörglern dominiert wird, dann wird es in Krisenzeiten wahrscheinlich größere Schwierigkeiten haben. Der Grund dafür ist, dass ein Großteil der Ressourcen des Teams in das Jammern investiert wird und wenig Zeit und Energie für Lösungen bleibt. Aus systemischer Sicht sind die Auswirkungen des Jammerns nicht unerheblich; sie betreffen auch die anderen Teammitglieder.

Mitte der Sechzigerjahre nannte Seligman (Psychologe und Gründer der Positiven Psychologie) dieses Phänomen »erlernte Hilflosigkeit«. Erlernte Hilflosigkeit ist die Überzeugung, dass man bestimmte Situationen oder Umstände nicht kontrollieren oder beeinflussen kann. Dies kann zu einem Gefühl der Ohnmacht und Resignation führen. Dieses Phänomen ist auch in Teams zu beobachten.

Aus der Praxis: Ich hatte die Aufgabe, die Stationsleitungen eines großen Krankenhauses zu supervidieren. In diesem Team gab es eine ausgeprägte Kultur des Jammerns. Es gab aber auch einige, die ihren kreativen Freiraum erkunden und aktiv werden wollten. In diesem Team erlebte ich, dass, sobald jemand einen Vorschlag machte, dieser von den anderen Teammitgliedern sofort als »nicht machbar« abgestempelt wurde. Und wieder wurde die Jammerschleife aktiviert. Auch die Reflexion dieses Verhaltens auf der Metaebene brachte keine Weiterentwicklung. Am Ende kippte die Situation in eine Richtung, die für mich sehr unangenehm war. Denn ich als Supervisorin wurde dafür verantwortlich gemacht, dass sie sich nicht aus der schwierigen Situation befreien konnten. Die Supervision wurde beendet. Auch ich musste akzeptieren, dass die Gruppe die Zusammenarbeit mit mir beendet hat.

Das bedeutet, es braucht den aktiven Prozess des Akzeptierens, dann wird wieder Energie frei. Es braucht ein Gleichgewicht zwischen dem Akzeptieren schwieriger Umstände und dem Entdecken von neuen Möglichkeitsräumen. Dabei kann es so verlockend sein, ausführlich die Ursachen des Problems zu analysieren, in der Hoffnung, eine schnelle Lösung zu finden. Vor lauter Analyse verstrickt man sich immer mehr in die Problemtrance und die Stimmung geht immer mehr in den Keller. Kleinste Gestaltungsmöglichkeiten können nicht gesehen werden.

Damit Akzeptanz gelingt, ist es wichtig, ein gutes Gespür dafür zu haben, wie man mit negativen Gefühlen umgeht. Wenn sie zu schnell unterdrückt werden, kann dies den Prozess der Akzeptanz verlängern und daran hindern, voranzukommen. Wenn Sie andererseits zu viel Zeit damit verbringen, sich mit Ihren negativen Gefühlen zu beschäftigen, werden Sie irgendwann keine Energie mehr haben, neue Lösungen zu finden. Ein gesundes Gleichgewicht zu finden, ist der Schlüssel zur radikalen Akzeptanz. Radikale Akzeptanz macht das Denken frei für neue Lösungen und Ideen.

Circle of Influence – Einflusskreis

Dieses Modell geht auf Stephen R. Covey zurück und bezeichnet unseren Wirkungskreis. Das Modell »Circle of Influence« kann uns helfen, zu analysieren, welche Angelegenheiten wir beeinflussen können und welche nicht. Was müssen wir akzeptieren und wo können wir Hand anlegen? Das Modell bietet einen Leitfaden für eine Bestandsaufnahme. Es werden drei Bereiche unterschieden: Zum Circle of Control gehören die Dinge, die wir selbst bestimmen und direkt beeinflussen können, zum Beispiel was wir anziehen, was wir essen und wann wir Sport treiben, also Dinge wie die eigene Haltung und Handlungen. Es liegt in der Natur der Sache, dass dies der kleinste Bereich ist. Wir Menschen sind aufeinander angewiesen, was bedeutet, dass nur ein kleiner Bereich in unserer alleinigen Kontrolle liegt. Im Circle of Influence finden wir die Dinge, die wir beeinflussen können, aber es liegt nicht nur in unserer Hand. Wir können zum Beispiel einen Konflikt ansprechen, aber ob er wirklich gelöst wird, steht auf einem anderen Blatt. Wir können uns anstrengen, um befördert zu werden, ob es passiert, ist abhängig von anderen. Im Circle of Concern sind die Bereiche im Leben, die wir nicht kontrollieren oder ändern können, so sehr wir es auch möchten. Das Wetter, die wirtschaftliche Lage oder das politische Weltgeschehen können wir lediglich akzeptieren.

Dieses Modell kann uns helfen, das eigene Denken und Handeln aus dem Modus des Ausgeliefertseins und der Hilflosigkeit in einen Modus des Aktivwerdens zurückzubringen. Denn je mehr Aufmerksamkeit wir den Dingen schenken, die wir nicht ändern können, desto mehr Raum nehmen sie ein. Das verleitet uns leicht dazu, gemeinsam das bekannte Klagelied zu singen. Die Stimmung im Team wird immer schlechter, das ganze Team fühlt sich hilflos und der Situation ausgeliefert.

Radikale Akzeptanz schwieriger Umstände schafft neue Freiräume.

Es geht vielmehr darum, wieder Handlungsmöglichkeiten zu entdecken. Sich auf das fokussieren, was wir jetzt tun können, selbst wenn es nur kleine Schritte sind. Der Einflusskreis weitet sich aus. Beschäftigt sich ein Team mit dem Circle of Influence, gelangt es wieder in die Wirksamkeitszone und das stärkt die Zufriedenheit und vor allem die Team-Resilienz.

Übung (➲ Playbox)

Und so kann das in einer praktischen Übung aussehen: Sammeln Sie im Team die schwer zu lösenden Themen. Sortieren Sie die Themen in den Wirkungskreis ein – alle Themen, die im Circle of Concern gelandet sind, werden kritisch hinterfragt: Ist das wirklich so, dass Sie keinen Einfluss haben? Stellt sich heraus, dass Sie nichts tun können, erlauben Sie sich die radikale Akzeptanz und lassen Sie das Thema so sein, wie es ist, auch wenn es gerade sehr unangenehm ist.

Dann besprechen Sie die beiden anderen Bereiche. Was können Sie mitbeeinflussen (Circle of Influence)? Finden Sie konkrete Maßnahmen, die Sie ergreifen können, und führen Sie sie durch. Nehmen Sie sich dann die Zeit, über die Veränderungen nachzudenken, die durch Ihr Handeln eingetreten sind. Feiern Sie die Erfolge, auch wenn sie noch so klein sind, denn das wird Sie motivieren, weiter zu handeln. Schließlich geht es um den innersten Bereich (Circle of Control). Was kann das Team aus eigener Kraft verändern? Das packen Sie möglichst sofort an und reflektieren wieder die Auswirkungen. Und auch hier gilt, die kleinsten Unterschiede wahrzunehmen und auch zu feiern.

Teams, die diese Übung regelmäßig machen, erweitern mit der Zeit diese beiden zuletzt aufgeführten Bereiche, in denen sie selbstwirksam aktiv werden können. Sie fühlen sich den Schwierigkeiten und selbst augenscheinlich unlösbaren Themen nicht mehr so ausgeliefert. Sie finden den Weg heraus aus dem reaktiven Modus in den Proaktiven. Sie hören auf, gegen

Windmühlen zu kämpfen. Denn diese Teams haben eine klare Entscheidung getroffen, wofür sie ihre Kraft einsetzen können und was sie aktiv annehmen müssen. Reaktive Teams unterschätzen häufig ihre Einflussbereiche und zerreiben sich im Kampf gegen unveränderbare Themen. In proaktiven Teams herrscht eine Stimmung: Wir können auf jeden Fall etwas bewirken und das gibt Kraft, Schwierigkeiten und Krisen leichter zu meistern.

Auch hier gilt wieder, dass die Teammitglieder die Themen sehr unterschiedlich einordnen, je nach eigener Sichtweise. Es braucht ein feines Gespür, wie in einem Team mit Dauernörglern umgegangen werden kann. Dauernörgler hängen in der Hilflosigkeitsschleife fest. Wie können auch diese Menschen mitgenommen werden? Ich halte es für sinnvoll, diesen Prozess zu entschleunigen. Ja, es gibt die Teammitglieder, die wollen sich nicht lange mit dem Jammern aufhalten und anpacken, was möglich ist. Das sind die typischen Macher und es ist gut, dass es diese Typen gibt. Sind die Macher zu schnell unterwegs, werden die reaktiven und skeptischen Personen überrollt. Je nach Teamkonstellation kann das zu Untergruppen-Bildung führen: die einen gegen die anderen. Die soziale Verbundenheit geht dann schnell baden.

Es gibt noch einen weiteren Stolperstein. Die Macher halten oft die Hilflosigkeit oder Tatenlosigkeit nicht aus. Sie werden schnell ungeduldig und neigen zu schnellem Handeln. So manch unüberlegte Aktion entsteht. Die Empfehlung ist, sich für diesen Circle of Influence, mit allem, was dazu gehört, Zeit zu nehmen. Vor allem dem ganzen Team Zeit zu geben, diesen Prozess zu durchlaufen. Geduld und Gelassenheit sind gute Helfer.

Kleine Ergänzung zum Thema Jammern, denn Jammern hat eine Funktion. Im Sinne der Psychohygiene soll und darf für eine kurze Weile gejammert werden. Wichtig ist, sich nicht im Jammern zu verlieren. Ein lang anhaltender Jammermodus zementiert den Status quo oder provokant ausgedrückt,

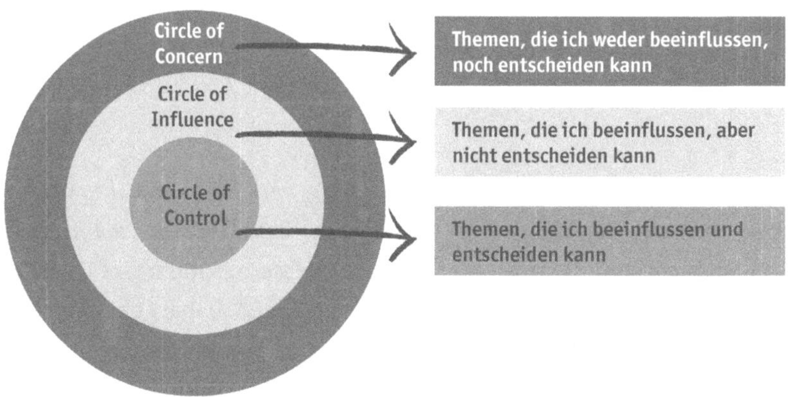

alles soll so bleiben, wie es ist! Jammern ist nicht gleich jammern. Es gibt ein sogenanntes gesundes Jammern. Ja, Sie haben richtig gelesen. Damit ist das Entlastungsjammern gemeint. Es wirkt wie ein Ventil, um Druck abzulassen, und gibt der Frustration über schwierige Situationen eine Stimme. Jammern kann verhindern, dass sich der Frust aufstaut und später einen explosiven Ausbruch verursacht. Das ist wie der sprichwörtliche »Tropfen, der das Fass zum Überlaufen bringt«. Entlastungsjammern sollte bis zu einem gewissen Maß zugelassen werden. Die Kunst ist, den richtigen Zeitpunkt zu erwischen, ab wann es ungesund wird.

5.6 Selbstwirksamkeit und Handhabbarkeit

»Niemand weiß, was er kann, bevor er's versucht.«

Publilius Syrus (85 – 43 vor Christus), römischer Dichter

Oder wie Pippi Langstrumpf: »Wie soll ich das wissen, wenn ich es noch nie versucht hab?« Ein Team kennt sein eigenes Potenzial erst, wenn es sich auf den Weg macht, Herausforderungen zu meistern. Selbstwirksamkeit und Handhabbarkeit sind hierbei wichtige Kompetenzen. Dabei geht es nicht um höher, weiter, schneller, sondern häufig um anders als bisher. In unserer Arbeitswelt sind wir an einem Punkt, an dem weitere Optimierungsversuche und Effizienzsteigerungen unsere Probleme häufig verschlimmern. Taylorismus, in dem es in erster Linie um Effizienzsteigerung ging, bringt uns in komplexen Arbeitswelten nicht wirklich weiter. Ein Team als soziales System folgt keiner linearen Logik. Stattdessen muss der Schwerpunkt auf einer echten Veränderung liegen, die eine dauerhafte und sinnvolle Wirkung hat. Wenn die Zusammenarbeit transformiert werden soll, brauchen wir einen spezifischen Denkmodus, das sogenannte dynamische Denken. Dynamisches Denken ist die Fähigkeit, flexibel auf veränderte Anforderungen und Umstände zu reagieren. Dies erfordert, eine einmal eingenommene Position aufzugeben und den eingeschlagenen Weg zu verlassen, auch wenn der Weg in der Vergangenheit gut funktioniert hat. Wenn sich Rahmenbedingungen ändern, funktionieren Lösungswege aus der Vergangenheit nicht mehr. Es handelt sich um eine innere Einstellung, die besagt »Veränderung ist möglich«. Die Basis für das sogenannte dynamische Denken ist ein dynamisches Selbstbild. Ausführlich beschreibt Carol Dweck das statische und das dynamische Selbstbild. (Dweck 2016)

In ihren Studien beobachtete Dweck Kinder in der Schule. Da gab es tatsächlich Kinder, die ihr Scheitern nicht als Versagen, sondern als Lernprozess betrachteten. Sie überlegten also, was sie aus dem Fehler lernen können. Diese Kinder verfügten über ein dynamisches Selbstbild. Um Team-Resilienz zu entfalten, ist unbedingt dynamisches Denken erforderlich, der Glaube und die Zuversicht, dass Veränderung möglich ist und gleichzeitig das Wissen, dass auf diesem Weg auch manche Umwege und Fehler gemacht werden. Diese Transformation im Denken erfordert mehr als nur eine kleine Veränderung, sie ist ein Akt der Bewusstseinsentwicklung. Wir brauchen einen Wandel in unserer Denkweise, um eine Welt zu schaffen, die sich deutlich von der jetzigen unterscheidet – eine bessere Welt. Die gute Nachricht ist, dass ein weiter entwickeltes Bewusstsein auch über einen größeren Lösungsraum verfügt, um eine neue Zukunft zu schaffen. (Vgl. Razavi 2022: 467 ff.)

Da ein Team aus mehreren Personen besteht, kann es die Schwarmintelligenz der Gruppe nutzen, um zeitnah auf aktuelle und neue Herausforderungen zu reagieren und kreative Ideen zu entwickeln. Aber Achtung, ein Schwarm kann auch dumm sein. Dabei gibt es folgenden Stolperstein zu beachten: »Gruppendenken«. Eine Gruppe kommt nicht automatisch zu besseren Lösungen als der Einzelne. Herrscht in einem Team ein extremer Anpassungsdruck, viel Stress und werden vielleicht sogar schlechte Entscheidungen schöngeredet, reden wir von einem ungesunden Gruppendenken. Der US-amerikanische Psychologe Irvin L. Janis untersuchte in den 1970er-Jahren das Phänomen schlecht funktionierender Gruppen und erkannte eine Falle, in die Gruppen immer wieder tappen, vor allem dann, wenn sie sich als Gruppe besonders gut zusammengehörig fühlen. Zusammengehörigkeit ist grundsätzlich ein hoher Wert. Zusammengehörigkeit muss jedoch auch gerade in herausfordernden Zeiten kritisch betrachtet werden. (Bauer 2017: 97)

Janis nannte das Phänomen »groupthink«. Gruppendenken ist der Irrglaube, dass es immer am besten ist, gut miteinander zu kooperieren. Dieser Irrglaube kann in homogenen Gruppen entstehen, die sich sozial und beruflich ähneln, in denen Minderheitenmeinungen ignoriert werden, keine Führung existiert, Entscheidungen unter Stress getroffen werden und die Gruppe eng zusammenhält. In diesem engen Zusammenhalt fühlen sich die meisten Teammitglieder aufgehoben. Leider entsteht dann wenig Raum für Weiterentwicklung, denn das Team ist mehr mit dem Zusammenhalt beschäftigt. Jede neue Denkweise wird schnell als Bedrohung gesehen und muss bekämpft werden.

Bei der Schaffung eines Resilienzfeldes im Team ist zu bedenken, dass ein Zuviel an Zusammenhalt und Kooperation dazu führen kann, dass die Einzelnen zu einer Masse verschmelzen, die schlechtere Entscheidungen trifft als jeder Einzelne. Deshalb ist es wichtig, einen Raum für Unterschiedlichkeiten zu schaffen. Das ist ein Raum, in dem sich jedes Teammitglied ohne Angst und Sorgen einbringen kann, auch wenn es eine ganz konträre Sichtweise vertritt. Dann sind wir wieder bei dem Thema »psychologische Sicherheit«.

Hilfreich ist ein dynamisches Mindset. Diese Denkhaltung beginnt bei jedem einzelnen Teammitglied. Verfügt ein Teammitglied über ein dynamisches Selbstbild, ist diese Person nicht so schnell frustriert über ein Scheitern, sondern sieht im Scheitern einen Lernprozess. Agieren in einem Team mehrere dynamische Selbstbilder miteinander, dann kann sich eine positive Sogwirkung in Richtung Selbstwirksamkeit und Handhabbarkeit einstellen. Ein Lernprozess findet statt.

Sind in einem Team mehr Menschen mit einem statischen Selbstbild vertreten, wird es mühsam, bei Herausforderungen in die Selbstwirksamkeit zu gelangen. Meist wird dann lange über die schwierige Situation debattiert und im gemeinsamen Leid fühlt man sich zumindest zugehörig. Leicht kann sich das Gruppendenken einstellen und kontroverse Lösungsvorschläge werden dem Zusammenhalt untergeordnet.

Zurück zu Selbstwirksamkeit und Handhabbarkeit: Selbstwirksamkeit ist das Vertrauen oder Zutrauen in die eigenen Fähigkeiten. Es ist ein Konzept, das aus Banduras sozialer kognitiver Handlungstheorie in den Zielsetzungsansatz integriert wurde. Es umfasst das unterschiedliche Maß an Vertrauen der Menschen in ihre eigenen Fähigkeiten und Kompetenzen zur Bewältigung von Aufgabenanforderungen oder krisenhaften Lebenssituationen. In erster Linie gilt dieses Konzept von Bandura für Einzelpersonen und nicht für Teams. Diese Kompetenz wird zu Recht in vielen Resilienztrainings gestärkt.

Der zweite Aspekt ist die Handhabbarkeit, entlehnt aus dem Salutogenese-Konzept von Aaron Antonovsky. Das Ausmaß, in dem Menschen davon überzeugt sind, dass sie Herausforderungen und Probleme mit den ihnen zur Verfügung stehenden Ressourcen bewältigen können, wird als Handhabbarkeit bezeichnet. Teams erleben immer wieder Zeiten, in denen es sich hoffnungslos erlebt und keinen Ausweg aus der Schwierigkeit sieht. Dieser Mangel an Zuversicht und Hoffnung führt häufig dazu, dass das Team in eine Problemtrance verfällt, in der nichts mehr geht. Um aus dieser Problemtrance auszubrechen, braucht es ein neues Denken – ein lösungsorientiertes Denken. Eine Möglichkeit ist, dass sich die Gruppe an ihre vergangenen Erfolge erinnert. So wird der Glaube an eine positive Zukunft gestärkt. Der Glaube an die eigenen Fähigkeiten und Ressourcen kann bei der Bewältigung von Herausforderungen eine große Hilfe sein. Ebenso kann die Bewältigung von Herausforderungen das Vertrauen in die eigenen Ressourcen stärken. Das gilt auch für das ganze Team.

Aus der Praxis: Ein Lehrerteam einer Krankenpflegeschule hatte mit vielen neuen und jungen Lehrern begonnen. Die Motivation des gesamten Teams ist sehr hoch und doch merkten einige weniger erfahrene Lehrkräfte bald, dass die Herausforderungen enorm sind und der eine oder andere fühlte sich überfordert. Hinzu kamen hohe bis zu unrealistischen Erwartungen aus den Krankenhäusern. Zum Glück gab es in diesem Team einige Lehrer, die sich von den unerfüllbaren Erwartungen auf gesunde Weise abgrenzen konnten und das war sehr hilfreich. Und es gab einige im Team mit der inneren Haltung: Wir schaffen das! Das ist der erste Schritt zur Selbstwirksamkeit. So haben einzelne Teammitglieder andere mitgezogen. Wir konnten anschließend daran arbeiten, diese herausfordernde Situation auch handhabbar zu gestalten. Ganz schnell wurde Hilfe für einige Lehrer angeboten. Des Weiteren wurden gemeinsame Aktionen entwickelt. Zum Beispiel wie sie in Untergruppen Unterrichte vorbereiten können und die Ergebnisse allen zur Verfügung stellen. Des Weiteren wurden Aufgaben, wie zum Beispiel die Erstellung des Stundenplans von der Person erledigt, die es am besten konnte. Und am Freitag wurde eine sogenannte Lazy-Time bei einem Glas Sekt oder Orangensaft eingeführt. Auf diese gemeinsame Stunde freuten sich alle. In diesem Team treffen große Herausforderungen auf berufliche Unerfahrenheit. Wenn die Herausforderungen groß und/oder die eigenen Fähigkeiten/Ressourcen gering sind, kann ein Team leicht mit Resignation reagieren. Dem Team fehlen dann die Zuversicht und der Glaube daran, die Situation meistern zu können. Alle fallen in eine Art Problemtrance. Das hat wiederum zur Folge, dass sich die Stimmung im Team weiter verschlechtert.

»Das Reden über Probleme schafft Probleme, das Reden über Lösungen schafft Lösungen.«

Steve de Shazer (1911–2005),
US-amerikanischer Psychotherapeut und Autor

Diese Aussage klingt wie ein kluger Kalenderspruch und schon legen wir die Aussage wieder auf die Seite. Das Interessante daran ist, dass diese rein semantische Unterscheidung reale Konsequenzen im Gehirn hat. Denn jeder Gedanke verändert unser Gehirn. Die Frage ist nur, in welche Richtung. Beschäftigen wir uns ausführlich mit den Problemen, führt das zu weiteren Problemschleifen mit all seinen vorhersagbaren Nebenwirkungen. Wir können nicht gleichzeitig ein Problem betrachten und eine Lösung finden, dazu ist unser Gehirn nicht in der Lage. Wir müssen eine bewusste Entscheidung treffen, uns auf die Lösung, statt auf das Problem zu konzentrieren – ein elementarer Unterschied für unser Gehirn. Dabei sollten erst mal auch verrückte Lösungsideen zugelassen werden. Natürlich müssen verrückte Ideen auf ihr Alltagstauglichkeit überprüft werden.

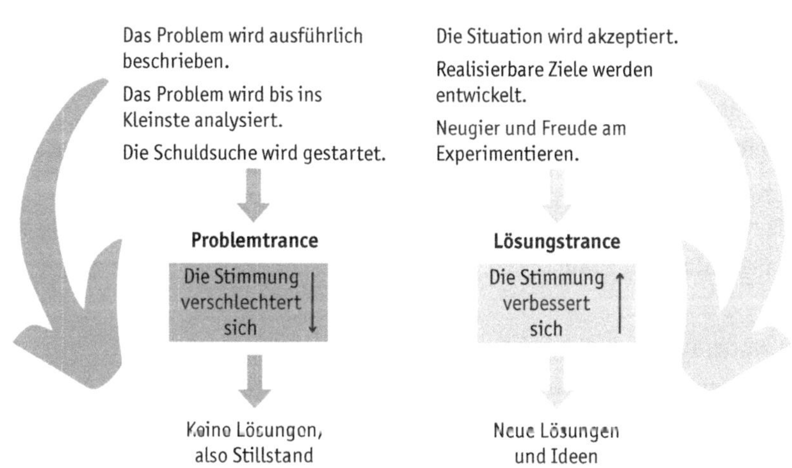

Wir ziehen uns aus dem (Problem-)Sumpf

Die Übung ist von Jennifer Stein (2018: 17) und ich habe die Anleitung leicht abgewandelt. Das Ziel dieser Übung ist es, sich auf die Selbstwirksamkeit im Team zu konzentrieren. Das Team kann im eigenen Einflussbereich etwas bewirken, und so kann das gesamte Team etwas schaffen, was zuvor als unmöglich galt. Energie fließt in Lösungsschritte. Es entsteht ein Gefühl der Wirksamkeit und der Mut, Dinge anzupacken, wächst.

Die Geschichte des Barons von Münchhausen, der sich aus eigener Kraft aus dem Sumpf zog, dient als Metapher dafür, dass man mit der eigenen Fantasie und dem Glauben an die eigenen Kräfte Großes erreichen kann. Wenn ein Team in einer tiefen Problemtrance feststeckt, ist das Bild und das Gefühl des Sumpfes passend. Dabei wird der Sumpf beachtet und die schwierige Situation gewürdigt. Da man sich aus dem Sumpf ziehen will, müssen Kräfte und Ressourcen aktiviert werden. Mit dieser Übung können sich die Teammitglieder wieder stärker auf ihre eigene Wirksamkeit konzentrieren und es entsteht das Gefühl, das Schicksal gestalten zu können und Handhabbarkeit entsteht. Die zentrale Botschaft der Übung ist, dass jeder Einzelne die Macht hat, in seinem Einflussbereich etwas zu bewirken. Und gemeinsamer Einfluss ermöglicht schließlich noch mehr Veränderung. Diese freigesetzte Energie kann zu Initiativen führen, die zur Verbesserung der Team-Resilienz beiträgt.

Der Moderator stellt die beiden Fragen:

- In welchem Sumpf stecken wir gerade? (Reine Austauschrunde, sollte kurz und knapp gehalten werden)
- Welche eigenen Kräfte können wir aktivieren?

Dazu werden nun zwei Bereiche im Raum abgesteckt: Ich als Individuum und Wir als Gruppe. Jede Person wählt einen Raum aus, von wo aus sie starten will, der persönliche Raum oder der Gruppenraum. Nun stellt der Moderator die Arbeitsfragen für die einzelnen Betrachtungsebenen:

- Bereich »Individuum«: Was will ich ganz konkret als einzelnes Teammitglied tun?
- Bereich »Gruppe«: Was wollen wir ganz konkret als Gruppe tun?

Jetzt sammelt zuerst jeder Teilnehmer in Einzelarbeit seine Ideen und nach fünf Minuten teilt jeder seine Gedanken der Gruppe mit. In einem gemeinsamen Brainstorming werden weitere Ideen gefunden und schriftlich auf Moderationskarten festgehalten. Jede Gruppe hat gegen Ende dieser Arbeitsphase eine Pinnwand mit einem Blumenstrauß an Ideen. Bei der Anwendung des Gallery Walk (Steinhöfer 2021: 290) können sich die Teilnehmer die Zeit nehmen, die sie brauchen, um die Ideen der anderen zu verstehen. Dies gibt ihnen die Möglichkeit, wirklich darüber nachzudenken. Die Ergebnisse an den Pinnwänden werden gewürdigt wie wertvolle Exponate in einem Museum, deshalb Gallery Walk. Zunächst lesen sich die Teilnehmer die Informationen noch einmal durch. Verständnisfragen können gestellt werden und weitere Ideen können ergänzt werden. Durch dieses Vorgehen entstehen noch mehr Ideen. Es wird deutlich, wie viele Ideen im Raum sind. Das bringt ein Team wieder in seine Handlungskraft. Es wird Handhabbarkeit erlebt. In einem letzten Schritt werden die Ideen bewertet. Das kann ganz einfach mit einer Punkte-Abstimmung geschehen. Jeder Teilnehmer bekommt jeweils fünf Klebepunkte und es wird abgestimmt, welche Ideen als erstes umgesetzt werden. Die Idee mit den meisten Punkten wird in konkrete Umsetzungsschritte gepackt. (➲ Playbox)

Vergangene Erfolgsgeschichten aufleben lassen

Auch bewältigte vergangene Belastungs-Situationen können für das Selbstwirksamkeitserleben genutzt werden. Dies ist möglich, wenn ein Team sich gemeinsam Erfolgsgeschichten erzählt und reflektiert, wie sie das hinbekommen haben. Der Austausch von Erfolgsgeschichten über vergangene Belastungssituationen, die gemeistert wurden, kann eine gute Möglichkeit sein, die Selbstwirksamkeit im Team zu stärken. Indem ein Team gemeinsam darüber nachdenkt, wie es in der Vergangenheit gehandelt hat, kann ein besseres Verständnis für Strategien, die funktioniert haben, entwickelt werden. Möglicherweise können diese hilfreichen Strategien auf ähnliche Herausforderungen angewendet werden. Ein Gefühl der Zuversicht und des Glaubens an die innewohnenden Fähigkeiten wird erlebt. Jedes Team hat meist eine mehr oder weniger lange gemeinsame Geschichte. Da gibt es Personen, die sind schon lange im Team, andere sind neu dazugekommen. In dieser Zeit hat ein Team gemeinsame Erfahrungen gemacht. Die gemeinsame Erfahrungsgeschichte beeinflusst die Selbstwirksamkeit im Team, selbst wenn wichtige Beteiligte schon nicht mehr im Team sind.

Dabei suchen Teams in ihrer Vergangenheit nach gemeisterten Problemen. Die Führungskraft kann dazu einladen, dass jedes Teammitglied in die nächste Teamsitzung eine kleine oder auch größere Erfolgsgeschichte aus der gemeinsamen Vergangenheit mitbringt. In der Sitzung werden die Erfolgsgeschichten miteinander geteilt. Und jetzt ist der nächste Schritt wichtig: Mit welchen Ressourcen im Team ist diese Erfolgsgeschichte zustande gekommen? Diese Ressourcen sind im Team schon erfolgreich gelebt worden. Die Ressourcen werden auf Moderationskarten visualisiert, denn nur zu schnell verschwinden die Ressourcen aus unserem Gesichtsfeld und spielen in der Gegenwart plötzlich keine Rolle mehr. Jetzt kommt der Transfer der Ressourcen auf die gegenwärtige Situation: Wie kann eine Ressource bei der Bewältigung der jetzigen Schwierigkeit nützlich sein?

Ein Team bringt die kollektive Erfahrung vergangener Erfolge in die Gegenwart ein, wodurch an das vorhandene Team-Potenzial erinnert wird. Selbst wenn die aktuelle Situation neue Ansätze und Anpassungen erfordert, ist das Team bereit und in der Lage, auf sein kollektives Wissen zurückzugreifen, um Erfolge zu erzielen.

Gemeinsam Neues in die Welt bringen

Es geht darum, Meilensteine für eine weitere Entwicklung zu identifizieren und zukünftige Erfolge zu planen. Dieses Instrument hilft den Teams, eine optimistische Haltung einzunehmen, gemeinsame Chancen zu erkennen und konkrete Handlungsschritte zu unternehmen. Mit der Übung »Crowd Sourcing« aus »Liberating Structures« kann ein Team auf schnelle Weise neue Ideen für eine konkrete Fragestellung entwickeln. (Steinhöfer 2021: 296) Die besten Ideen werden in Handlungsschritte übersetzt. Das Team wird spielerisch aktiviert und kommt relativ schnell weg von der Problemtrance und bewegt sich in den Lösungsraum. Das Team befähigt sich selbst, die innewohnende Kreativität für alltagstaugliche Ideen auszuschöpfen. Mit dieser Übung werden alle Teammitglieder gleichzeitig involviert. Ziel dabei ist, die fünf bis zehn Ideen mit der größten Umsetzungsenergie weiter zu verfolgen.

Übung: Was ist Ihre kühnste, mutigste, originellste und verrückteste Idee, um …? (➲ Playbox)

Alle stehen auf und bewegen sich im Raum, es kann auch Musik im Hintergrund laufen. In der Bewegung kommt auch das Gehirn in Bewegung. Jedes Teammitglied schreibt eine Idee zur Fragestellung auf eine Moderationskarte, es sollte leserlich geschrieben werden. (Es steht kein Name auf der Moderationskarte, das ist wichtig, die Idee bleibt somit anonym). Nun bewegen sich die Teammitglieder mit ihrer Idee frei im Raum und wenn ein Signal zu hören ist, wird die Moderationskarte mit der Person ausgetauscht, die am nächsten steht. Auf der Rückseite wird die Idee auf einer Skala von

1 bis 5 bewertet. Insgesamt sollten fünf Tausch- und Bewertungsrunden erfolgen. Nach der letzten Runde werden die Punkte addiert und aufgrund der Punktezahl priorisiert, die Idee mit der höchsten Punktezahl steht an erster Stelle. Bewertet eine Person die Idee mit fünf, bedeutet das auch, sie ist selbst bereit, diese Idee mit umzusetzen (➲ Playbox).

Für diese Ideenfindung sollten Sie nicht länger als fünfundzwanzig Minuten einplanen. Es ist eine andere Form des Brainstormings. Durch die schriftliche und anonyme Erarbeitung und Bewertung wird keine Idee vorschnell schlecht geredet. Der Charme dieser Übung ist, dass jede Idee aufgeschrieben wird und nicht sofort bewertet wird, jedes Teammitglied ist beteiligt und Bewegung im Raum sorgt für etwas mehr Blut im Gehirn. Im klassischen Brainstorming wird oft die eigene Idee bis aufs Blut verteidigt und die Vorschläge der anderen schnell schlecht geredet. Dieses Übungsformat ist sowohl strukturiert als auch kreativ. Der nächste Schritt besteht darin, die nach Prioritäten geordneten Ideen in umsetzbare Schritte zu übersetzen. Im Anschluss können Sie die 15-Prozent-Lösung (Steinhöfer 2021: 360) zur Umsetzung dranhängen. Maßnahmen und Entscheidungen können schnell im Sande verlaufen, wenn sie zu groß erscheinen. Die Entscheidung ist getroffen, alle sind motiviert, sofort loszulegen, aber dann tun sich große Hürden auf und plötzlich scheint die Lösung des Problems in weiter Ferne zu liegen. Mit 15-Percent-Solutions werden die kleinen Maßnahmen entdeckt. Diese kleinen Maßnahmen haben viel mehr Aussicht auf Erfolg als große, komplizierte Maßnahmen, die viel Zeit, Geld und Genehmigungen erfordern. Gerade aus systemischer Perspektive gilt es immer wieder, genau zu reflektieren, machen schon kleine Interaktionen einen Unterschied zu vorher. Selbst kleine Maßnahmen können eine große Wirkung haben (➲ Playbox). An den kleinen Umsetzungsschritten wird so lange gefeilt, bis jeder das Gefühl hat, dass es machbar ist. Das Team motiviert sich selbst zum gemeinsamen Handeln und an die Stelle der gefühlten Ohnmacht tritt neuer Antrieb.

Mit einem Growth Mindset lassen sich Stärken leichter entwickeln.

Fazit: Selbstwirksamkeit und Handhabbarkeit geht in turbulenten Zeiten schnell verloren. Umso wichtiger ist es, diese beiden Prinzipien im Blick zu haben. Ein Team, das von seiner eigenen Kompetenz überzeugt ist, erfährt mit größerer Wahrscheinlichkeit Selbstwirksamkeit. Sie haben oft das Gefühl, dass sie etwas bewirken, das heißt, dass sie etwas Bedeutendes tun. Es ist immer wieder notwendig, Denk- und Handlungsräume zu schaffen, in denen ein Team seine eigene Selbstwirksamkeit und Handhabbarkeit erfahren kann.

5.7 Kompetenzen im Team sichtbar machen – so geht's!

Anstatt von Stärken im Team zu sprechen, ziehe ich es vor, von Kompetenzen zu sprechen. Dieser Begriff bringt den prozesshaften Aspekt deutlicher zum Ausdruck, da er die Vorstellung unterstreicht, dass Stärken entwickelt werden können. Eine Stärke wird oft statisch gesehen, als etwas, das man entweder hat oder nicht hat. Durch die Betonung des Prozesses der Entwicklung bieten Kompetenzen einen dynamischeren Ansatz für das Verständnis von Stärken. Mit einem Growth Mindset können Stärken jedoch entwickelt und gefördert werden. Im Folgenden nutze ich die beiden Begriffe synonym.

Mit Kompetenzen zu einem kraftvollen Team

Es kann vorkommen, dass jemand über Stärken verfügt, aber nicht in der Lage ist, diese zu nutzen oder in einer Tätigkeit arbeitet, welche ihm nicht ermöglicht, seine Begabungen angemessen einzubringen. Dadurch werden seine Kompetenzen nicht zu einer nützlichen Ressource für das Team.

Der Begriff Kompetenz kommt von dem lateinischen Verb »competere« und wird mit »zusammentreffen, zutreffen« übersetzt. In der Arbeitswelt wird Kompetenz als eine Fähigkeit verstanden, Wissen und Können so zu verbinden, dass berufsbezogene Aufgaben selbstständig, eigenverantwortlich und situationsgerecht zu bewältigen sind. Oder ganz einfach gesagt: »Ich kann«. Kompetenz ist etwas, das sich im Laufe der Zeit entwickelt, und es ist wichtig, kontinuierlich daran zu arbeiten. Jedes Teammitglied hat Stärken und manchmal sind sie noch verborgen. Ein entscheidender Schritt ist also, die Stärken der Teammitglieder zu erfassen. Spätestens in stürmischen Zeiten sollte ein Team mal einen Schritt zurücktreten und sich auf die Stärken innerhalb des Teams besinnen. Auf diese Weise können die Teammitglieder wieder in einen guten Kontakt zueinanderkommen und das gegenseitige Verständnis fördern. Der Einsatz von Stärken ist konstruktiv und ermutigt andere zu kooperativem, förderlichem Verhalten. Dies führt zu einer Win-win-Situation für alle Teammitglieder, da alle auf ein gemeinsames Ziel hinarbeiten.

Wenn alle kooperativ zusammenarbeiten, profitieren am Ende alle davon. Dies ist besonders in der Arbeitswelt von Vorteil, in der oft eine Teamleistung erforderlich ist, um eine Aufgabe zu erfüllen. Wenn alle mit ihren individuellen Stärken auf ein gemeinsames Ziel hinarbeiten, ist es wahrscheinlicher, dass die Aufgabe erfolgreich abgeschlossen wird und alle mit dem Ergebnis zufrieden sind.

Wenn das Team vor einer schwierigen Herausforderung steht, kann es leicht passieren, dass man sich in das Problem verstrickt und den Blick für das große Ganze verliert. Wenn die Teammitglieder innehalten und ihre individuellen Stärken betrachten, können sie besser einschätzen, wie sie das Problem am besten angehen können. Durch eine Bestandsaufnahme der Stärken des Teams können die Teammitglieder Bereiche ermitteln, in denen sie sich gegenseitig unterstützen können, sich gegenseitig Aufgaben abnehmen können. Dies kann zu einem Gefühl der Einigkeit und des Verständnisses innerhalb des Teams beitragen.

Die Konzentration auf die Kompetenzen jedes einzelnen Teammitglieds ist ein wirksames Mittel, um Respekt und Zusammengehörigkeit im Team aufzubauen. Indem sich ein Team auf die Stärken jedes Einzelnen konzentriert, wird die Kraft im Team gespürt. Indem die Stärken der einzelnen Teammitglieder bekannt sind und respektiert werden, entsteht ein Umfeld des Vertrauens und des gegenseitigen Respekts. Und wenn das Team stärkenorientiert zusammen auf ein Ziel hinarbeitet, kann es mehr erreichen, als es je für möglich gehalten hätte.

Es gibt Stärken, die bringt ein Mensch mit auf die Welt und es gibt Kompetenzen, die entwickelt werden können. Auch hier ist ein dynamisches Selbstbild wieder sehr hilfreich. Kompetenzen lassen sich auch durch Anstrengung und Übung entwickeln. Einer der wichtigsten Faktoren für die Entwicklung von Stärken ist die Rückmeldung. Durch Feedback können wir erkennen, was wir gut machen und wo wir uns verbessern können. Feedback lässt uns erst erkennen, dass wir eine Stärke haben. Ohne Feedback hält man oft eine Stärke für selbstverständlich und wir finden es nicht wert, diese zu benennen.

Ein weiterer wichtiger Faktor für die Entwicklung von Kompetenzen ist der Austausch von Ideen mit anderen. Wenn wir unsere Ideen mit anderen teilen, können wir von ihren Perspektiven und Erfahrungen lernen. Dies hilft uns, eine umfassendere Sicht auf unsere eigenen Stärken und Schwächen zu entwickeln. Wir können auch neue Techniken und Strategien lernen, auf die wir selbst vielleicht nicht gekommen wären. Wenn es um die Entwicklung von Stärken geht, plädieren wir nicht für ein ständiges Streben nach Optimierung. Stattdessen erkennen wir an, dass jeder Mensch sowohl Stärken als auch Schwächen hat und dass es wichtig ist, beide zu akzeptieren und mit ihnen zu arbeiten. Zu oft fokussieren wir uns auf unsere Schwächen, was zu Gefühlen der Unzulänglichkeit und Verzweiflung führen kann. Wenn wir unsere Energie und unsere Bemühungen auf die Dinge konzentrieren, in denen wir gut sind, kann uns das eine Welt voller neuer Chancen und Möglichkeiten eröffnen. Wir sind dann auch optimistischer, da wir wissen, dass unsere Fähigkeiten das Potenzial haben, unser Leben positiv zu beeinflussen. Seligmans Botschaft ist eine dringend benötigte Erinnerung daran, dass wir alle der Welt etwas zu bieten haben. Dazu passt die Frage: Was hat mein Team davon, dass es mich gibt? Die Frage stammt aus dem Podcast von Joachim Höhler (2023): »What I do inspires you.« Diese Frage habe ich leicht abgewandelt, sie stammt aus dem Interview mit Bodo Janssen.

Konzentrieren wir uns besser auf unsere Stärken und die positive Wirkung, die wir erzielen können, anstatt uns in unseren Schwächen zu verzetteln. Wenn wir uns darauf besinnen, was wir gut können und was wir Gutes tun können, können wir eine Welt der Möglichkeiten eröffnen und vor allem gemeinsam mehr erreichen, als wir je für möglich gehalten hätten. Ein Team, das sich auf die Stärken und Kompetenzen der Einzelnen fokussiert, liefert bessere Ergebnisse und die Zufriedenheit im Team wächst. Um ein gelingendes Miteinander zu erreichen, müssen die Fähigkeiten und Potenziale der Menschen optimal miteinander verbunden werden.

Neugier auf Kompetenzen: Wie ein Team seine Stärken entdeckt

Die drei Perspektiven auf Stärken in einem Team. Da ist zum einen das Selbstbild zu nennen, wie nimmt sich ein Teammitglied selbst wahr. Dazu gehört ein Bewusstsein für die eigenen Stärken und Fähigkeiten. Sich selbst mit den eigenen Kompetenzen zu kennen und zu verstehen, ist ein erster Schritt für eine gute Zusammenarbeit. Die zweite Perspektive ist das Fremdbild: Wie wird eine Person von anderen wahrgenommen und welche Stärken werden in der täglichen Zusammenarbeit beobachtet? Es ist häufig sehr überraschend zu hören, mit welchen Fähigkeiten einen die anderen wahrnehmen. Das kann daran liegen, dass eine Person die eigenen Stärken für selbstverständlich hält oder dass sie ihr gar nicht bewusst sind. Diese Stärken können jedoch für das persönliche und berufliche Leben unglaublich wertvoll sein. Bewusst wahrgenommene Stärken machen selbstbewusster und erfolgreicher. Bei der dritten Perspektive geht es um die Wir-Stärken, also um die kollektiven Stärken eines Teams: Was zeichnet ein Team aus? Wie arbeiten die Mitglieder eines Teams zusammen, um ein gemeinsames Ziel zu erreichen? Wie geht ein Team mit Konflikten und Veränderungen um? Wie sieht das Wir aus? Wo findet sich das Ich in diesem Wir wieder? Was ist unsere gemeinsame Stärke? Hat ein Team irgendwelche blinden Flecken, weil sich zum Beispiel die Teammitglieder zu ähnlich sind und zu wenig kontrovers auf die Aufgaben geblickt wird?

Wenn man die drei Perspektiven der Stärken in einem Team versteht, kann jeder Einzelne seine Stärken nutzen, um zu einer erfolgreichen Team-Resilienz beizutragen.

Stärkenübung im Team:

1. Als erstes schreibt jedes Teammitglied die eigenen Stärken auf und teilt sie im Team. Das fällt manchen Menschen etwas schwer, wenn sie gewohnt sind, in Schwächen zu denken. Diese Menschen sollten ermutigt werden, zumindest eine Stärke zu benennen.
2. Daraufhin fügen die anderen Teammitglieder ihre Einschätzungen hinzu. Welche Stärken werden von den anderen wahrgenommen? Diesen Schritt können Sie auflockern, indem jedes Teammitglied ein leeres Blatt auf den Rücken geklebt bekommt und die anderen schreiben die Stärken auf das Blatt. Das bringt Bewegung ins Team und alle sind neugierig, was wohl auf ihrem Blatt stehen wird.
3. Die dritte Ebene besteht darin, zu reflektieren, welche Wir-Stärken im Team vorhanden sind. Diese Wir-Stärken sind eine Bündelung der individuellen Stärken und führen so zu einer anderen und intensiveren Kompetenz im Team als Ganzes. Die Wir-Stärke drückt eine umfassendere Dimension aus, die nur gemeinsam zum Ausdruck gebracht werden kann.

Eine Wir-Stärke könnte zum Beispiel die Konfliktkompetenz sein. Wenn ein Team schon oft Konflikte gut gemeistert hat, kann sich daraus eine Wir-Stärke entwickeln.

Aus der Praxis: In einem Team sind wir den ersten Schritt angegangen. Den introvertierten Teammitgliedern fiel es schwer, eine eigene Stärke zu benennen. Hier war es wichtig, dass die anderen schnell unterstützend zur Seite waren und etliche Stärken benennen konnten. Es war ein Bild für die Götter, als alle über ihre Stärken gesprochen haben, so viele zufriedene und lächelnde Gesichter – ein herzerfrischender Augenblick.

Nur wenn das Ich jedes Einzelnen gestärkt wird, kann eine echte Zusammenarbeit entstehen – ein kraftvolles Wir. Der Kern eines resilienten Teams ist die Fähigkeit, die individuellen Stärken jedes einzelnen Teammitglieds zum gemeinsamen Nutzen aller einzusetzen. Indem man sich darauf konzentriert, wie jedes Teammitglied seine eigenen Stärken am besten einbringen kann, kann ein Team eine starke und widerstandsfähige Kraft entfalten. Wenn jeder ermutigt wird, auf den Stärken des anderen aufzubauen und sein Wissen weiterzugeben, kann ein Team zu einer unaufhaltsamen Kraft für den Erfolg werden.

5.8 Team-Resilienz als Lern- und Entwicklungsreise

»Lernen ist nicht verhandelbar.«

Roman Gaida, Manager

Auch persönliche Entwicklung ist aus meiner Sicht nicht verhandelbar. Ohne Weiterentwicklung fällt es uns schwer, belastbarer zu werden, sowohl individuell als auch als Team. Lernen und Entwicklung ist manchmal anstrengend und manchmal macht es richtig Spaß. Persönliche Entwicklung und gemeinsame Entwicklung sind also wesentliche Voraussetzungen für ein belastbares und erfolgreiches Team.

Lernen und Entwicklung sind fortlaufende Prozesse, die darauf abzielen, Verhalten und Handlungsmöglichkeiten dauerhaft zu verändern. Durch den Erwerb von Wissen und Fertigkeiten kann der Einzelne in seinem gewählten Bereich wachsen und sich entwickeln. Lernen und Entwicklung lassen sich durch Verhaltensänderungen beobachten, wenn die neu erworbenen Kenntnisse und Fähigkeiten in der Praxis angewendet werden. Darüber hinaus sollten Lernen und Entwicklung auf bereits vorhandenen Erfahrungen aufbauen, sodass ein kontinuierlicher Lernprozess entsteht.

Zusammenfassend lässt sich sagen, Lernen und Entwicklung sind ein wesentlicher Bestandteil der persönlichen und beruflichen Entwicklung. Dieser Prozess muss sowohl von der Führungskraft als auch von der Organisation unterstützt werden, und auch manchmal eingefordert werden.

Gemeinsames Wollen und Können

Team-Resilienz aufzubauen, kann als Lern- oder Entwicklungsreise verstanden werden und im besten Fall bereitet diese Reise Freude. Es gibt nämlich viel zu entdecken. Wenn wir Erwachsene das Wort »Lernen« hören, denken wir oft an die Schulzeit mit ihren anspruchsvollen Hausaufgaben und Tests. Lernen und Entwicklung sollte eine angenehme und lohnende Erfahrung sein, eine, die Erfolgschancen maximiert. Und wäre es nicht toll, wenn Lernen auch Spaß machen könnte? Lassen Sie uns das Lernen und Entwicklung zu einer angenehmen und positiven Erfahrung machen, die Ihnen helfen wird, Ihre Ziele zu erreichen. Mit der richtigen Einstellung kann Lernen und Entwicklung zu einer spannenden Angelegenheit werden. Manches müssen wir auf dieser Reise auch verlernen, damit es in eine gute Richtung geht. Um den Lern- und Entwicklungsprozess hin zu einer größeren Belastbarkeit in Gang zu setzen, ist eine grundlegende Offenheit für Veränderungsmöglichkeiten erforderlich und die beginnt bei jedem Teammitglied selbst. Lernen und Entwicklung bedeutet Veränderung des Status quo. Dazu ist es unerlässlich, dass jedes Teammitglied bereit ist, Veränderungen zu wollen. Die gute Botschaft ist, gemeinsam fällt es leichter.

Es gibt dabei einige Fragen zu berücksichtigen: Wie entstehen nun Lernbereitschaft und Veränderungsmotivation als wesentliche Voraussetzung? Wie kommen Menschen in einem Team in Bewegung, sich gemeinsam resilienter zu verhalten? Und wie werden Entwicklungshürden überwunden?

Beginnen wir mit den drei üblicherweise verwendeten Dimensionen zur Beschreibung der persönlichen Voraussetzungen für eine erfolgreiche Weiterentwicklung: »Wollen«, »Können« und »Dürfen«. Das Wollen bezieht sich auf die Offenheit und Bereitschaft zur Veränderung. Das Können bezieht sich auf die Fähigkeit zur Veränderung. Das Dürfen bezieht sich auf die Bedingungen und Rahmenbedingungen, die für eine Entwicklung notwendig sind. (Baltes/Freyth 2019: 258)

»Wer etwas will, findet Wege, wer etwas nicht will, findet Gründe.«

Götz Werner (1944–2022),
Gründer des Unternehmens dm-drogerie markt

Beginnen wir mit der Dimension Wollen. Allzu oft werden Ausreden benutzt, um unsere eigenen, selbst auferlegten Beschränkungen zu verbergen. Diese Beschränkungen können durch unsere eigenen Gedanken, Worte und sogar unser Verhalten hervorgerufen werden. Wir mögen das Gefühl haben, dass wir durch unseren eigenen Geist eingeschränkt sind, aber wir können diese Barrieren durchbrechen, wenn wir es wirklich wollen.

Lernen im Erwachsenenalter beginnt mit der grundsätzlichen Bereitschaft, lernen zu wollen. Vielleicht haben Sie auch schon den Satz gehört: »Ich kann nicht aus meiner Haut«. Diese Haltung verhindert Lernen und Entwicklung erfolgreich. In meinen Teamentwicklungen arbeite ich häufig daran, wie das Feuer des Wollens entfacht werden kann. Meine Absicht ist, für Entwicklung zu begeistern. Was motiviert Teammitglieder, sich auf Lernen und Entwicklung wirklich einzulassen? Wie können wir negative Gefühle hinter uns lassen und vorwärts gehen?

Eine gewisse Aktivierungsenergie ist nötig, um das gemeinsame Wollen für mehr Resilienz anzustoßen. Oft wird einem Team erst in einer Krise bewusst, wie schwer es ist, bestimmte Gewohnheiten zu ändern, wie zum Beispiel die Neigung zu zynischem Verhalten oder regelmäßiges Übereinander herziehen. Brian Jeffrey Fogg, ein Gewohnheitsforscher von der Stanford University, prägte den Begriff »Tiny Habits« (»winzige Gewohnheiten«). Kleine, regelmäßige Veränderungsschritte führen mit größerer Wahrscheinlichkeit zu einer erfolgreichen Umsetzung als große, die nicht gemacht werden. Dies trägt dazu bei, eine Kultur der kontinuierlichen Verbesserung zu fördern, anstatt in statischen Gewohnheiten stecken zu bleiben. (Vgl. Fogg 2021)

Aus der Praxis: Ein IT-Team in einem Unternehmen erfreute sich lange Zeit über einen großen Zusammenhalt und eine erfolgreiche Zusammenarbeit. Der Krankenstand war niedrig und es gab kaum Kündigungen, was zu einer hohen Arbeitszufriedenheit führte. Doch plötzlich änderte sich alles. Die Stimmung verschlechterte sich. Die Mitarbeiter stritten sich häufiger, die ersten kündigten und einige Teammitglieder fühlten sich sogar gemobbt.

Um die Situation zu verbessern, wurde ein Teamcoaching anberaumt. Es zeigte sich jedoch schnell, dass das Vertrauen in eine Verbesserung der Situation eher gering ausfiel, eine resignative Stimmung war spürbar. Es wurde das berühmte Schuldspiel gespielt, bestimmte Teammitglieder wurden für die Situation verantwortlich gemacht – die waren schuld an der prekären Situation. Hinzu kamen Verständigungsschwierigkeiten aufgrund von Sprachproblemen. Im Team arbeiteten seit ein paar Monaten Mitarbeiter aus anderen Ländern. Es bildeten sich zwei Lager. Obwohl das Team auf eine lange Geschichte einer guten Zusammenarbeit zurückblicken konnte, war es zu diesem Zeitpunkt nicht in der Lage, die Motivation für sinnvolle Änderungen aufzubringen. Das Team war festgefahren und sehnte sich gleichzeitig nach einer besseren Zukunft. Bei näherer Betrachtung der problematischen Situation stellten die Mitarbeiter fest, dass der Zusammenhalt im Team schon etwas länger nicht mehr gegeben ist, dass dysfunktionales Verhalten gezeigt wird, wie fehlendes Vertrauen und eine gewisse Vermeidung von Konfliktklärung. Bevor wir an den konkreten Themen gearbeitet haben, festigten wir das gemeinsame Wollen. Dieser Punkt wird aus meiner Erfahrung oft übersprungen.

Schließlich hat sich jedes Teammitglied bereit erklärt, am Teamklima mitzuarbeiten, egal, was vorher passiert war. Mit kleinen Veränderungsschritten, wie zum Beispiel mit einer kleinen Erfolgsgeschichte in die Retrospektive zu starten, hat sich das Teamklima allmählich wieder verbessert. Dieses Team hat gelernt, dass sie mit kleinen Schritten wieder mehr Zugehörigkeit spüren konnten. Spannend fand ich, wie diese Gruppe sich gegenseitig kleine Freudenmomente bereiteten: ein Kollege hat dem anderen einen Kaffee vorbeigebracht, ein anderer Kollege kam mit süßen Teilchen, sie haben sich für gute Arbeit gegenseitig auf die Schultern geklopft. All das war anfangs mühsam, bis es schließlich zur Routine wurde. Das gemeinsame Wollen zu initiieren, kann anfangs anstrengend und mühsam sein. Insbesondere dann, wenn die Zuversicht auf Verbesserung gering ausgeprägt ist.

Kommen wir zur Dimension Können. Voraussetzung für Lernen und Entwicklung ist eine gewisse Reflexionsfähigkeit. Reflexion ist ein wirkungsvolles Instrument, um uns selbst und unsere Beziehungen zu unserer Umwelt bes-

Inspirierende Vorbilder machen Mut.

ser zu verstehen. Wir nehmen uns die Zeit, über unsere Gedanken, Gefühle und Verhaltensweisen nachzudenken und wie unsere Handlungen auf andere wirken. Reflexion ist eine intellektuelle und emotionale Kompetenz. Erfolgreiche Reflexion erfordert die Bereitschaft, Ereignisse und Phänomene aus verschiedenen Blickwinkeln zu betrachten, nicht nur aus der eigenen Perspektive, sondern auch aus dem Blickwinkel der Kollegen.

Gelingt einem Team, eine problematische Situation von verschiedenen Perspektiven aus wahrzunehmen, ist ein erster großer Schritt getan. Die Reflexion von Erfahrungen ermöglicht so den Erwerb neuen Wissens, was wiederum das Bewusstsein schärfen und mehr Wahlmöglichkeiten im täglichen Leben schaffen kann. Der größte Vorteil dieses erhöhten Bewusstseins ist das Potenzial, mehr Möglichkeiten zu eröffnen, was wiederum zu mehr Handlungsoptionen führt. Gemeinsames und ehrliches Reflektieren über die sozialen Interaktionen im Team und das Streben nach mehr Verständnis führt häufig zu mehr Wohlwollen und Widerstandsfähigkeit innerhalb eines Teams. Wenn sich ein Team die Zeit nimmt, seine Interaktionen gemeinsam zu überdenken, offen und ehrlich darüber zu diskutieren, können sich stärkere Bindungen entwickeln. Stärkere Bindungen untereinander sind gerade für stürmische Zeiten Gold wert.

Die Reflexionsbereitschaft und -fähigkeit sind essenzielle Bausteine für gemeinsame Entwicklung im Team. Im Zusammenhang mit Resilienz ist hier in erster Linie das psychologische Lernen gemeint. Der psychologische Begriff des Lernens ist viel weiter gefasst, als man gemeinhin denkt. Wir sprechen hier auch vom Erlernen von Sicherheit und Angst, vom Erwerb von Vorlieben und Abneigungen, von der Bildung von Gewohnheiten, von der Fähigkeit zu planvollem Handeln und zu problemlösendem Denken. So kann auch wertschätzende Kommunikation erlernt werden. Selbst die so wichtige Empathiefähigkeit kann in einem gewissen Maß trainiert werden. Solches Lernen findet außerordentlich häufig in unserem Alltag statt und wird durch die Bildung von Erfahrungen vorangetrieben, sei es durch unmittelbare Erfahrung oder durch soziale Vermittlung. Wenn wir dies verstehen, können wir beginnen, das Lern- und Wachstumspotenzial unseres Geistes zu erschließen. Für die grundsätzliche Lernbereitschaft braucht es die weitere Zutat Neugierde oder eine gewisse Wissbegierde.

Der Prozess des Lernens kann zum Erwerb neuer Kenntnisse und zur Änderung bestehender geistiger Einstellungen führen. Dies wiederum kann das bisherige Verhaltenspotenzial einer Person erweitern. Im Kern ist das Leben eine Reise des Lernens und der Entwicklung. Wir haben es in der Hand, unser volles Potenzial zu entfalten und ein Leben voller Sinn und Erfüllung zu leben, indem wir neue Wachstumschancen wahrnehmen. Sich mit der Unterstützung von Kollegen weiterzuentwickeln, wirkt wie ein Entwicklungsbeschleuniger. Lernen und Entwicklung hängen zusammen, sie bedingen sich geradezu.

Genau diese Art von Lernen und Entwicklung ist auf der Reise zur mehr Team-Resilienz erforderlich. Um die Widerstandsfähigkeit von Teams zu fördern, ist es wichtig, neue Denkmodelle zu erlernen, gesündere Verhaltensstrategien zu entwickeln und soziale Fähigkeiten zu kultivieren. Wenn sich die Teammitglieder so miteinander verhalten, wie sie es immer getan haben, dann wird es keine Resilienzentwicklung geben. Es bleibt dann im erreichten Zustand.

»Die reinste Form des Wahnsinns ist es, alles beim Alten zu lassen und gleichzeitig zu hoffen, dass sich etwas ändert.«

Albert Einstein (1879–1955), Physiker

Lernen am Modell

Die Theorie des sozialen kognitiven Lernens, die von Albert Bandura entwickelt wurde, ist eine leistungsstarke und einflussreiche kognitive Lerntheorie, die untersucht, wie Menschen durch Beobachtung, Nachahmung und Modellierung der Verhaltensweisen und Einstellungen anderer lernen, also Lernen am Modell. In dieser Lerntheorie wird angenommen, dass es einen Zusammenhang zwischen den Handlungen einer Person und dem Verhalten eines Modells (Vorbild) gibt, was als kognitiver Prozess angesehen werden kann. Sie wird als Vorläufer der Handlungs- und Problemlösungstheorien angesehen. Diese Theorie besagt, dass eine Person durch die Beobachtung des Verhaltens eines Modells lernen kann, wie sie ein ähnliches Verhalten ausführt.

Es sind zwei Akteure beteiligt: das Modell und der Beobachter. Das gewünschte Verhalten des Vorbilds wird vom Beobachter beobachtet und dann nachgeahmt. Dieser Prozess des Modellierens ist in vielen Familien in Aktion zu sehen, wenn jüngere Geschwister bestimmte Fähigkeiten und Aktivitäten oft viel schneller erlernen als ihre älteren Geschwister, weil sie die Gelegenheit hatten, ihre Geschwister bei der Ausführung der Aktivität zu beobachten – sie hatten Vorbilder. Das Vorbildverhalten wurde nachgeahmt. Das gilt übrigens auch für negative Verhaltensweisen, auch diese werden nachgeahmt.

Für diese Art des Lernens im Team wird zumindest ein oder besser mehrere Menschen benötigt, die Resilienzkompetenzen vorleben. Diese können als Vorbild auf die anderen wirken. Das passiert natürlich nicht automatisch, das muss von der beobachtenden Person gewollt sein.

Aus der Praxis: Als Leiter einer Verwaltungsabteilung geht er mit gutem Beispiel voran und fährt jeden Tag mit dem Fahrrad zur Arbeit – außer bei Schnee und Glatteis. Sein Engagement für mehr Bewegung im Alltag hat viele seiner Kollegen inspiriert, die nun seinem Beispiel folgen und mit dem Fahrrad zur Arbeit fahren. Auf diese Weise übt der Abteilungsleiter einen positiven Einfluss auf die Kollegen aus.

Welches resiliente Verhalten wollen Sie im Team vorleben? Und von wem können Sie lernen?

5.9 Transparente und achtsame Kommunikation

Kommunikation (lateinisch »communicatio« = »Mitteilung«) ist der Austausch oder die Übermittlung von Informationen, die in verschiedenen Formen (verbal, nonverbal und paraverbal) und über verschiedene Kanäle (mündlich, schriftlich oder digital) erfolgen kann. Sie ist ein grundlegender Bestandteil unseres täglichen Lebens und hilft uns, miteinander zu interagieren, Ideen und Überzeugungen auszutauschen und Beziehungen aufzubauen. Wirksame Kommunikation ist eine wesentliche Voraussetzung für erfolgreiche Zusammenarbeit und kann dazu beitragen, dass die Bedürfnisse aller Beteiligten erfüllt werden.

Kommunikation erfolgt in einem Dialog oder einfach gesagt, im Gespräch miteinander. Damit ein sinnvoller Dialog zustande kommt, sind Ehrlichkeit und Offenheit unerlässlich. Um ein resilientes Team aufzubauen, ist es wichtig, eine Atmosphäre der Akzeptanz und des Verständnisses füreinander zu schaffen. Jedes Teammitglied sollte willkommen geheißen und respektiert werden, frei von Urteilen und Vorurteilen. Auf diese Weise kann sich jeder sicher fühlen, seine Gedanken und Meinungen zu äußern, was zu fruchtbaren Gesprächen beiträgt. Nur wenn die Teammitglieder ihre Unterschiede akzeptieren und im besten Fall sogar begrüßen, können sie ein robustes und erfolgreiches Team bilden.

Um einen vertrauensvollen Dialog zu führen, müssen wir erkennen, dass die Sichtweisen von unseren individuellen mentalen Landkarten stammen, die sich aus unseren eigenen Erfahrungen, Prägungen und Persönlichkeiten zusammensetzen, während die Sichtweisen der anderen von ihren eigenen stammen. Die Fähigkeit, sich auf andere einzulassen und andere Sichtweisen zu erkennen und zu akzeptieren, hängt weitgehend von der eigenen Offenheit und Toleranz ab. Wie wäre es mit dieser Definition von Dialog:

»Dialog als die Kunst des gemeinsamen Denkens.«

William Isaacs

Eine vertrauensvolle Dialogkultur kann entwickelt werden, damit gemeinsames Denken möglich wird. Das bedeutet, keine Ansicht oder Meinung wird als richtig und eine andere wiederum als falsch deklariert, sie kann vielmehr mit einer anderen Meinung übereinstimmen oder ganz anders sein. Dürfen alle unterschiedlicher Meinungen sein, kann ein gemeinsamer Dialograum entstehen. In einem Dialograum entfaltet sich aus den unterschiedlichen Perspektiven und Standpunkten etwas Drittes – ein gemeinsames Neues.

Ein Team, das in der Lage ist, einen Dialog als gemeinsames Denken zu führen, kann Vielfalt tolerieren und respektieren sowie alle miteinbeziehen. Doch wie wird eine vertrauensvolle Dialogkultur entwickelt? Über einen Punkt haben Sie bereits gelesen: Die Kraft des Vertrauens. Vertrauen schafft psychologische Sicherheit und ein wertschätzender Dialog wird möglich.

Ein weiterer wichtiger Aspekt in der Kommunikation ist: Zuhören. Otto Scharmer differenziert in seiner »Theorie U« verschiedene Arten des Zuhörens: »Herunterladen«: Dieses Zuhören beschränkt sich oft darauf, das zu bestätigen, was wir bereits zu wissen glauben. Wir leben oft in einer Echokammer, in der wir Ideen und Informationen hören, die mit unseren bestehenden Überzeugungen übereinstimmen. Alles andere wird ausgeblendet. Indem wir zuhören, hören wir uns quasi selbst zu. Auf dieser Ebene kann nichts Neues entstehen, denn nach Scharmer wird nur Bekanntes abgespult.

Faktisches Zuhören: Wir öffnen unser Denken und hören die Unterschiede, die mit unserer Ansicht nicht übereinstimmen. Dazu müssen wir aufgeschlossen sein und unsere Annahmen infrage stellen. Wir müssen bereit sein, unsere gewohnten Denkmuster zu unterbrechen und für andere Perspektiven offen zu sein. Erst ab dieser Ebene kann Neues entstehen. Denn jetzt werden unterschiedliche Meinungen gehört, reflektiert und hinterfragt. Diese Art des Zuhörens regt zum Debattieren an.

Empathisches Zuhören: Wenn wir uns erlauben, unser Herz zu öffnen und unsere Gefühle als Wahrnehmungsorgan zu nutzen, können wir ein tieferes Verständnis für die Sichtweise einer anderen Person gewinnen. Wir können die Situation durch ihre Augen sehen und uns in ihre Perspektive hineinfühlen. Dies ist ein unschätzbares Instrument, um sinnvolle Verbindungen zu schaffen und Empathie zu fördern.

Schöpferisches Zuhören: Jetzt wird es spannend, denn hier geht es darum, etwas Neues zu schaffen. Wir hören mit der Absicht zu, die bestmögliche Zukunft im gegenwärtigen Moment zu schaffen. Unser Zuhören schafft einen sicheren, offenen Raum, in dem sich etwas Neues entfalten und Wirklichkeit werden kann. Indem wir mit offenem Herzen zuhören, öffnen wir die Tür für positive Veränderungen. (Vgl. Scharmer 2019: 2019 ff.)

Schöpferisches Denken wird ermöglicht, wenn wir uns erlauben, gemeinsam zu denken – gemeinsam Neues zu wagen. Hier ist eine Qualität des co-kreativen Miteinanders gemeint, bei dem im Dialog neue Möglichkeiten in gegenseitiger Resonanz auftauchen können. Vielleicht klingt das jetzt etwas theoretisch. Meine eigene Erfahrung ist, dass diese Arten des Zuhörens geübt werden müssen. So möchte ich Sie einladen, beobachten Sie sich beim Zuhören. Hierzu passt auch die Aussage von Stephen R. Covey (2022: 315 ff.): »Erst verstehen, dann verstanden werden«. Oft hören Menschen mit der Absicht zu, bei der nächsten Sprechpause die eigenen Gedanken präsentieren zu können, anstatt die andere Person wirklich zu verstehen. Auch Stephen R. Covey (2022: 316 ff.) betont, wie bedeutsam respektvolles Zuhören ist. Bevor man seine eigene Ansicht zum Ausdruck bringt, bemüht man sich das Gegenüber zu verstehen. Dies führt zu größerer Klarheit, Konzentration und Wertschätzung im Team. Auch ich mache immer wieder die Erfahrung, wie wohltuend es ist, einfach nur zuzuhören, um zu verstehen – ganz bei meinem Gegenüber zu sein. Das verlangsamt das Gespräch und führt zu mehr echter Nähe.

Empathische Ehrlichkeit

Eine Kultur eines vertrauensvollen Dialogs entsteht dann, wenn der Einzelne sich so sicher fühlt, dass er ehrliches und gleichzeitig mitfühlendes Feedback geben kann. Kim Scott (2022: 87 ff.) stellt in ihrem Konzept so eine Feedback-Kultur vor: »[...] eine Kultur, die den offenen Austausch von Feedback fördert und dabei respektvoll und mitfühlend bleibt.« Lassen Sie uns in einem ersten Schritt ein Verständnis für Feedback entwickeln. Feedback im Arbeitsumfeld zu geben bedeutet, jemandem eine Rückmeldung zu geben, entweder auf persönlicher oder auf fachlicher Ebene. Es geht darum, der anderen Person mitzuteilen, was sie gehört, gesehen und wahrgenommen hat und wie es interpretiert wurde. Viele Mitarbeiter kennen vor allem das Feedbackgespräch mit ihrem Vorgesetzten. In regelmäßigen Abständen kommen Vorgesetzte und Mitarbeiter zusammen, um über die bisherige Arbeit, Erfolge und Verbesserungsmöglichkeiten zu reflektieren und zukünftige Ziele und Aufgaben für die Zusammenarbeit zu definieren.

Der Ansatz von Scott meint die grundsätzliche Feedback-Kultur in einer Organisation oder in einem Team. Feedback ist aus meiner Sicht nicht nur eine Angelegenheit zwischen Vorgesetztem und Mitarbeiter, wird aber oft so gelebt. Scotts Vision einer Feedback-Kultur in Organisationen oder Teams geht über die typische Vorgesetzten-Mitarbeiter-Beziehung hinaus. Vor allem in den heutigen kollaborativen Arbeitsumgebungen ist es wichtig, ein starkes Fundament für Feedback zu schaffen. Das Modell von Scott ist sehr einfach gestrickt und jedes Team kann mit diesem Tool die eigene Feedback-Kultur auf den Prüfstand stellen.

Es gibt zwei wesentliche Dimensionen: das Maß der Aufrichtigkeit und das Maß der menschlichen Zugewandtheit. Beide Dimensionen geben Aufschluss über die Art der Beziehungen. Die Aufrichtigkeit gibt an, wie echt und ehrlich das Feedback ist, unabhängig davon, ob es positiv oder negativ ist. Wenn ein Team ein hohes Maß an Aufrichtigkeit besitzt, wird es sich nicht scheuen, ehrliches Feedback zu geben, ohne zu versuchen, es zurückzuhalten, zu beschönigen oder zu manipulieren. Zugewandtheit ist das Gefühl, von den Kollegen geschätzt und unterstützt zu werden. Zugewandtheit schafft eine Atmosphäre der Wertschätzung. Wenn dies in einem Team stark ausgeprägt ist, schafft es ein Gefühl der Sicherheit und des Vertrauens unter den Kollegen. Diese beiden Achsen werden jetzt auf eine Vier-Felder-Matrix übertragen, siehe Grafik. Ein erstrebenswertes Ziel bildet sich im Feld »Mitfühlende Aufrichtigkeit« ab. Und so kann ein Team mit dem Tool arbeiten. Die Matrix wird auf ein Whiteboard oder auf ein Flipchart gemalt. Es werden zwei Fragen beantwortet und dann mit Post-its oder Punkten in die Matrix eingepflegt.

Horizontale Dimension: In wie viel Prozent der Fälle waren Sie ehrlich und haben sowohl positives als auch negatives Feedback gegeben? Und in wie viel Prozent der Fälle haben Sie sich zurückgehalten oder Ihr Feedback verändert?

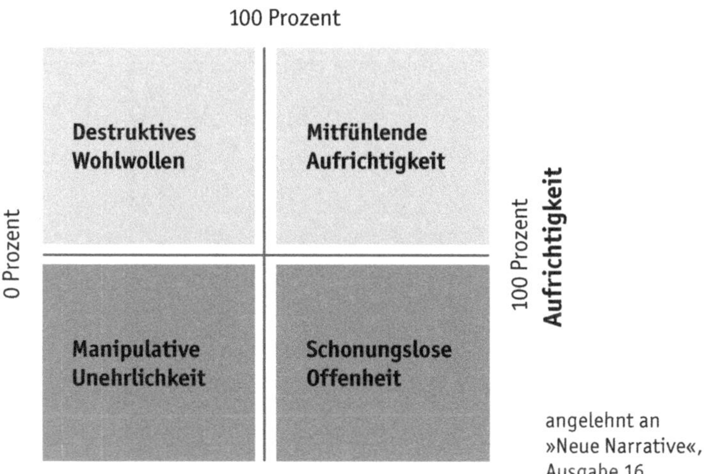

Vertikale Dimension: Wie hoch ist der Anteil der Rückmeldungen, bei denen Sie sich als Person geschätzt und mit Respekt behandelt fühlten, und wie hoch ist der Anteil, bei denen diese Art der Interaktion nicht gegeben war?

Nach der Betrachtung der Bewertungen auf der Matrix (mit Punkten oder Post-its) kann das Team darüber diskutieren. Hierzu ein paar anregende Fragen:

- Haben Einzelpersonen sehr unterschiedliche Ansichten in der Matrix? Wenn ja, was ist der Grund für diese Unterschiede?
- Unter welchen Umständen könnten Ehrlichkeit oder Mitgefühl nicht so hilfreich oder sogar schädlich sein? Wie kann das Team mit diesen Szenarien umgehen?
- Welche konkreten Schritte kann das Team unternehmen, um eine Kultur der mitfühlenden Ehrlichkeit zu fördern?

Wie viel Ehrlichkeit und Offenheit verträgt ein Team?

Fördern Sie einen offenen Dialog und sorgen Sie dafür, dass jeder seine Wahrnehmungen äußern kann, ohne dass die anderen negative Reaktionen zeigen. Arbeiten Sie an der psychologischen Sicherheit im Team. Schaffen Sie regelmäßige Check-ins und Feedback-Sitzungen, um sicherzustellen, dass jeder die Möglichkeit hat, gehört zu werden. Fördern Sie aktives Zuhören und Verständnis, indem Sie sich die Zeit nehmen, allen zuzuhören und ihre Perspektiven zu berücksichtigen. Feiern Sie Erfolge, und seien sie noch so klein. Damit schaffen Sie eine positive Atmosphäre. Schließlich sollten Sie positive Verhaltensweisen anerkennen und würdigen. Und wieder gilt, eine Kultur der mitfühlenden Ehrlichkeit ist in kleinen Schritten zu schaffen, denn für viele Teams ist es zunächst eine große Aufgabe. Und zu große Aufgaben werden häufig erst gar nicht angegangen oder wieder schnell zur Seite gelegt. Mitfühlende Ehrlichkeit braucht vor allem eine einfühlsame innere Haltung und entsprechende Formulierungen. Das schauen wir uns im nächsten Kapitel genauer an.

Achtsame Kommunikation nach Marshall B. Rosenberg

Marshall B. Rosenberg entwickelte die Gewaltfreie Kommunikation (GfK), einen Ansatz zur Förderung wertschätzender Kommunikation zwischen Menschen. Dieser Ansatz konzentriert sich darauf, ein Umfeld zu schaffen, in dem Menschen freiwillig zusammenarbeiten, um das Wohlbefinden aller Beteiligten zu fördern. Durch die Anwendung dieses Ansatzes können Menschen respektvolle Beziehungen aufbauen und einander besser verstehen, was zu befriedigenderen und sinnvolleren Beziehungen führt.

Mithilfe einer verständnisvollen Verbindung mit uns selbst und mit anderen, gelingt es uns leichter, einen wertschätzenden Dialog zu führen. Diese Überzeugung beruht auf der Vorstellung, dass alle unsere Handlungen und Strategien das Ziel haben, unsere Bedürfnisse zu befriedigen.

»Gewaltfreie Kommunikation ist eine Fähigkeit mit einer gewissen Methodik. Es ist die Fähigkeit, die komplette Dynamik einer Situation mit all den verschiedenen Gefühlen und Bedürfnissen durch kommunikative Abstimmung zu einer einenden Strategie zusammenzuführen.« (Fritsch)

Der Begriff »gewaltfrei« wird heute häufig ersetzt mit »wertschätzend« oder »achtsam«. Rosenberg hat diesen Begriff »gewaltfrei« benutzt, weil er die Sprache auf die Gewaltdimension hin erforschte. Häufig wird in Kommunikationsseminaren die Methode mit den vier Schritten der GfK trainiert und zu wenig auf den Rahmen geachtet, in dem Kommunikation stattfindet. Fritsch: »Das System eint die Menschen«. Damit ist gemeint, das System ist der Rahmen, in dem zwei oder mehrere Personen versuchen, ein Problem zu lösen oder eine Aufgabe zu erfüllen. Es passiert allzu schnell, dass Menschen ihre eigenen Bedürfnisse über die anderer stellen, vor allem wenn die Situation schwierig oder angespannt ist. Das ist keine böse Absicht, sondern ist vielmehr dem Stressmodus geschuldet, also reine Überlebensbiologie. Diese Haltung führt zu Absicherung, Abschottung oder Rückzug und kann dazu führen, dass Menschen gegeneinander handeln, anstatt zusammenzuarbeiten. Viele konzentrieren sich dann nur auf ihre eigenen Wünsche und Bedürfnisse und übersehen dabei die möglichen Nachteile und Unannehmlichkeiten für ihre Mitmenschen. Dazu müssen wir uns auch von dem Ansatz »Belohnung und Bestrafung« verabschieden. In Systemen, die auf Belohnung und Bestrafung oder auf Ausgleich und Schuld beruhen, kann es schwierig sein, wertschätzend zu kommunizieren. In solchen Situationen sind die Menschen oft sich selbst überlassen und versuchen, sich zu schützen und zu verteidigen. Aus vielen Erfahrungen mit Incentives wissen wir, dass die Extraprämie zu mehr Konkurrenz im Team führt. Diese Denkweise fördert die Besseren und schwächt die Schwächeren noch mehr. Diese Dynamik behindert jede Möglichkeit, zu einem guten Miteinander zu gelangen. Damit meine ich nicht, es braucht keine Führung oder keine Hierarchie.

Nach Rosenbergs Theorie haben alle Menschen den grundlegenden Wunsch, ihre Bedürfnisse wie Anerkennung, Bewunderung, Unabhängigkeit und Selbstverwirklichung zu befriedigen. Wir können starke Beziehungen fördern, indem wir kooperieren und uns sowohl auf unsere eigenen Bedürfnisse als auch auf die Bedürfnisse der Kollegen zu achten. Das ist eine Kunst und kann durchaus gelingen. Es gibt nach Rosenberg keine negativen Bedürfnisse, da sie alle dem Leben in irgendeiner Weise dienen. (Vgl. Seeman 2009: 11 f.) Nach Rosenberg gibt es allerdings destruktive Strategien zur Bedürfniserfüllung. Ich bitte Sie, diese Grundannahmen nochmal in Ruhe auf sich wirken zu lassen, denn diese sind wichtig für die Methode von Rosenberg.

In der Praxis sieht es so aus: Wir ärgern uns über einen Kollegen oder wir fühlen uns übergangen, dann startet in uns ein Überlebensprogramm. Dazu brauchen wir in der modernen Welt nicht mehr den Säbelzahntiger, sondern mehrere stressige Momente im Berufsalltag aktivieren das gleiche Verhaltensprogramm. Auf der Kollegenebene im Team heißt das, wir klären in Sekundenschnelle ab: Freund oder Feind? Danach kommt der Angriff oder die Flucht. Für die Kommunikation bedeutet das, bei Angriff sprechen wir in einem lauten-ärgerlichen Ton mit dem Kollegen, was uns selbst oft gar nicht bewusst ist. Bei Flucht bleiben uns die Worte im Hals stecken und nichts wie raus aus der Situation. Beide Verhaltensweisen führen nicht zu Verbindungen untereinander und schon gar nicht zu Verbindlichkeit.

Die vier Schritte der Methode nach Rosenberg

Dabei wird die Außenwelt von der Innenwelt unterschieden. Im Außen ereignet sich ein Vorfall und diesen Vorfall bewerten wir in einem rasendem Tempo: gut oder schlecht für uns. Das entstehende Gefühl, zeigt uns an, ein Bedürfnis ist erfüllt oder frustriert. Die passende Reaktion kommt prompt. Das Verhalten der anderen ist lediglich der Auslöser für unsere Reaktion. Die Ursache für unser Gefühl sind unsere Bedürfnisse. Also nicht die anderen sind schuld, dass in uns Gefühle entstehen, sondern erfüllte oder unerfüllte Bedürfnisse.

Erster Schritt – Beobachtung
Beschreiben Sie die Situation, wie sie eine Videokamera aufzeichnet, ohne Beurteilung und Bewertung, sondern wertneutral.

Mögliche Formulierungen: Wenn ich sehe, höre ...; Folgende Situation habe ich beobachtet ...

In der Regel mischen wir Beobachtungen mit Verallgemeinerungen oder mit Reizwörtern, wie zum Beispiel nie, immer ... Das führt schnell zu Reaktanz beim Gegenüber, weil er Kritik hört. Der erste Schritt erfordert Bewusstheit für die eigenen Formulierungen.

»Beobachten, ohne zu bewerten, ist die höchste Form menschlicher Intelligenz.«

Jiddu Krishnamurti (1895–1986), indischer Philosoph und Theosoph

Zweiter Schritt – Gefühl
Das Gefühl, das durch die Situation oder das Verhalten ausgelöst wurde, wird ohne Erklärung oder Rechtfertigung angesprochen. Wir konzentrieren uns auf das, was wir fühlen, und nach Rosenberg schenken wir dem Aufmerksamkeit, was in uns lebendig wird – Freude, Überraschung, Ärger, Irritation, Frustration und so weiter.

Mögliche Formulierungen: Dann fühle ich mich zufrieden ...; Dann bin ich sauer, verärgert, froh; Dann bin ich erleichtert ...

Dritter Schritt – Bedürfnis

Unsere Gefühle sind eine direkte Reaktion auf unsere erfüllten oder unerfüllten Bedürfnisse. Das Verhalten einer anderen Person ist der Auslöser, aber die tiefere Ursache liegt in uns, in unseren Bedürfnissen. Wenn die Bedürfnisse befriedigt sind, erleben wir angenehme Gefühle. Umgekehrt erleben wir unangenehme Gefühle, wenn die Bedürfnisse nicht erfüllt werden. Das Verstehen unserer Bedürfnisse ist ein entscheidender Schritt, um unsere Gefühle zu verstehen, deshalb ist es wichtig, sich zu fragen: »Was brauche ich? Was ist für mich wichtig?« Indem wir unsere Bedürfnisse erkennen und uns mit ihnen auseinandersetzen, können wir unsere Gefühle besser verstehen.

Mögliche Formulierungen: Weil mir wichtig ist …; Weil ich brauche …; Mein Bedürfnis ist …

Vierter Schritt – Bitte

Um unsere Bedürfnisse zu befriedigen und angenehme Gefühle zu erzeugen, ist es wichtig, dem anderen mitzuteilen, was wir von ihm wollen. Um dies zu erreichen, müssen wir ehrlich sein und bitten, ohne zu fordern. Unsere Bitten sollten spezifisch und klar sein und der anderen Person die Freiheit lassen, zu entscheiden, ob sie sie erfüllen will oder nicht. Wenn wir diese Schritte befolgen, können wir sicher sein, dass unsere Bitte gehört wird – und wir können darauf vertrauen, dass die andere Person die bestmögliche Entscheidung treffen wird. Das kann bedeuten, die Bitte wird nicht erfüllt.

Mögliche Formulierungen: Wären Sie bereit …? Könnten Sie in Zukunft …? Würden Sie bitte …? Deshalb habe ich folgende Bitte an Sie …

Das war jetzt die wertschätzende Kommunikation im Schnelldurchgang. Ich selbst mache immer wieder die Erfahrung, dass mir diese vier Schritte im Alltag nur teilweise gelingen, obwohl ich selbst mehrere Seminare in GfK absolviert habe und mit der Theorie vertraut bin. Wenn ich mir Zeit nehme, mich auf die Schritte einzustimmen, dann fällt es mir schon leichter.

Hier meine Empfehlung für Sie, fangen Sie mit kleinen Schritten an, setzen Sie die 15-Percent-Solution (Liberation Structures) um. Zum Beispiel üben Sie die Beobachtung, wertneutral zu beschreiben und vielleicht auch nur in einem Gespräch am Tag. Oder in Ihnen ist gerade ein angenehmes/unangenehmes Gefühl lebendig, dann fragen Sie, welches Bedürfnis steckt hinter dem Gefühl? Die kleinen Schritte bringen Sie mit der Zeit viel weiter – bleiben Sie dran. Ihre Entschlossenheit dies umzusetzen, macht den Unterschied.

Abschließende Bemerkungen zum Team-Resilienz-Rad

Die Kompetenzen des Resilienzrads sind miteinander verbunden und verstärken sich gegenseitig. Wie Sie mit Sicherheit bemerkt haben, gibt es auch viele Überschneidungen. Nehmen Sie sich für die erfolgreiche Weiterentwicklung von Resilienz im Team ausreichend Zeit, bringen Sie Geduld und Ausdauer mit. Und selbst wenn es so aussieht, als würde sich nichts bewegen, schauen Sie auf die kleinen Unterschiede, die es fast immer gibt.

6.

Die Rolle der Führungskraft

Führung wird seit vielen Jahren aus vielen Blickwinkeln untersucht. Die Ansätze befassen sich mit den Fähigkeiten und Qualitäten einer Führungskraft oder mit den Beziehungen zwischen Führungskräften und ihren Mitarbeitern. Unabhängig davon, wie sie definiert wird, ist Führung in vielen Unternehmen nach wie vor ein wichtiger Bestandteil und wird es auch in Zukunft bleiben.

Die Arbeitswelt verändert sich rasant, und es ist an der Zeit, die traditionellen Rollen der Führung zu überdenken. Insbesondere müssen bislang gültige Führungsmythen kritisch hinterfragt werden. Die traditionelle Unterscheidung zwischen denjenigen, die Befehle erteilen, und denjenigen, die nur gehorchen, ist nicht mehr zeitgemäß. Ein neues Paradigma der Zusammenarbeit, der Kommunikation und des gegenseitigen Respekts wird mehr und mehr vor allem von der jüngeren Generation eingefordert. Das heißt für die Führungskräfte, dass sie sich nun der Herausforderung stellen und sich an eine neue Realität anpassen müssen. Es gilt, agiler, kollaborativer und innovativer zu werden, um Teams erfolgreich in die Zukunft zu führen oder besser ausgedrückt zu begleiten. Letztlich besteht die Rolle der Führungskraft darin, ein Mentor, Coach und Moderator zu sein. Die Führungskraft wird mehr und mehr zum Ermöglicher, was die erfolgreiche Erledigung der Aufgaben durch die Mitarbeiter begünstigt. Sie sorgt für Rahmenbedingungen, die Team-Resilienz möglich macht. Es liegt nicht die ganze Verantwortung für die Belastungsfähigkeit des Teams auf seinen Schultern, aber er hat aufgrund seiner Rolle einen größeren Handlungsspielraum.

Der Gewerkschaftsfunktionär Ulrich Klotz drückte diese Veränderung in der Führung schon vor Jahren mit klaren Worten aus: »Bürokratische Hierarchien, die auf Angst und Einschüchterung basieren und in denen sich formale Autorität vor allem in Statussymbolen und Titeln manifestiert, rufen heute bei den ›Net-Kids‹ nur noch Kopfschütteln hervor.« (Klotz 2009: 137 ff.)

Die klassische Führung von oben nach unten verliert immer mehr an Akzeptanz, auch wenn sie derzeit in vielen Organisationen immer noch praktiziert wird. Ich stimme Oelsnitz Worten zu: »Wir brauchen einfach ein anderes Bild von guter Führung und sollten die Geführten aus diesem Managementverständnis endlich befreien.« (Oelsnitz 2022: 38)

Um eine wirksame Führungsleistung erbringen zu können, ist es unabdingbar, bisher erfolgreiche Führungsverhaltensweisen zu verlernen und neue zu erlernen. Die alten Verhaltensweisen mögen sich in der Vergangenheit bewährt haben, aber wenn Sie als Führungskraft auch in Zukunft erfolgreich sein wollen, müssen Sie bereit sein, sich weiterzuentwickeln und neue Praktiken zu übernehmen. Wenn Sie sich der Herausforderung stellen, neue Führungsmethoden zu erlernen, eröffnen sich Ihnen Möglichkeiten für Wachstum und Entwicklung. Es erfordert Mut, Kraft und Ausdauer, sich von gewohnten Führungspraktiken zu trennen und mit allen Mythen aufzuräumen. Sind Sie dabei?

6.1 Führungsmythen und ihre Auswirkungen auf das Team

Es gibt viele Mythen und Annahmen, die in der Führungskultur leider immer noch sehr verbreitet sind und die sich als schädlich erweisen. Ein nicht mehr zeitgemäßer Mythos ist zum Beispiel, eine starke Führung bedeutet, dass man autoritär und dominant ist. Eine wirksame Führung kann auch mit einer kooperativen Haltung förderlich sein. Der Fokus liegt auf den Stärken und Fähigkeiten der Mitarbeiter. Weiterer Mythos: Eine Führungskraft kennt keine Angst, denn Angst ist eine Schwäche; stattdessen muss eine Führungskraft sich immer selbstbewusst und sicher in ihren Fähigkeiten zeigen. Selbstzweifel und Unsicherheit kann sich eine gute Führungskraft nicht leisten. Insbesondere der Angst-Mythos führt zu fatalen Folgen in der

Führung. Denn jeder Mensch hat Ängste und Führungskräfte sind auch Menschen. So befindet sich eine Führungskraft in einer Zwickmühle zwischen Mythos und Realität. Da Ängste nicht sein dürfen, werden sie erfolgreich aus dem Bewusstsein verbannt.

Der Angst-Mythos kann in der Führung tragische Folgen haben. Da alle Menschen Angst empfinden, auch Führungskräfte, bringt sie dies in eine Dilemma-Situation. Wenn Führungskräfte ihre Ängste unterdrücken, sind sie letztlich nicht in der Lage, sich mit ihnen konstruktiv auseinanderzusetzen. Die traurige Folge ist, dass verdrängte Ängste erst recht zu einer Atmosphäre der Angst im Team und im Unternehmen beitragen. Die Mitarbeiter neigen unter so einer Führungskraft dazu, Risiken zu meiden und Probleme zu vertuschen, während sie vor Verantwortungsübernahme zurückschrecken. Die implizite Verhaltensregel der Mitarbeiter lautet in etwa so: »Nur nicht den Chef verärgern und keine Fehler machen, um nicht Anerkennung zu verlieren.« (Dierke/Houben 2022: 25) In so einem Klima sind wir weit weg von dem verheißenen Land der Team-Resilienz. Brené Brown geht noch einen Schritt weiter und fordert dazu auf, »Führungskräfte darin zu schulen, in ihrem Team eine Offenheit für Verletzlichkeit zu kultivieren.« (Brown 2013: 86) Die Vorstellung, dass der Vorgesetzte auf jede Frage eine Antwort haben muss und die Kontrolle hat, ist sogar destruktiv. Sie führt dazu, dass die Mitarbeiter denken, sie wissen und können weniger als die Führungskraft. Die Mitarbeiter übernehmen unter so einem Chef ungern Verantwortung und sie bringen keine innovative Ideen ein.

Es gibt noch einen zweiten Aspekt zum Thema Angst. Es gibt immer noch Führungskräfte, die Angst als Führungsinstrument einsetzen. Schon lange wissen wir von den Neurowissenschaftlern, dass Angst eine kontraproduktive Wirkung auf die Leistungsfähigkeit, auf die Zusammenarbeit, auf das Lernen und auf die Kreativität hat. Die Aktivierung des Angstzentrums des menschlichen Gehirns, die Amygdala hemmt nachweislich das Lernen und

Eine Führungskraft ohne Angst ist ein Übermensch.

erschwert es, analytisch zu denken, kreativ zu experimentieren und Probleme in der Zusammenarbeit zu lösen. Führungskräfte, die Angst als Mittel zur Motivation ihrer Teams einsetzen, können mit Gehorsam rechnen, aber dürfen keine Höchstleistung und erst recht keine Kreativität erwarten. Die Alternative zu einer angstbasierten Kultur ist eine Kultur der psychologischen Sicherheit. Dieses Modell ermutigt die Teammitglieder, kreativ zu experimentieren und bei der Lösung von Problemen zusammenzuarbeiten.

Um jenseits des Angst-Mythos zu führen, ist es für Führungskräfte zum einen wichtig, über ihre eigenen Ängste nachzudenken und sie als Lernwerkzeug zu nutzen, wie Gerald Hüther vorschlägt. Zum anderen sollten sie, wo es nur geht, für angstfreie Räume sorgen.

Ein weiterer und sehr anstrengender Mythos ist: »Die Führungskraft muss möglichst immer stark sein«. In meinen Coachings treffe ich oft auf Führungskräfte, die sich nicht trauen, ihre verletzliche Seite zu zeigen, weil sie der Meinung sind, das ging als Führungskraft überhaupt nicht. Aber das ist ein anstrengender Mythos, Führungskräfte müssen keine Superhelden sein, denen Menschliches fremd ist. Sie haben Schwächen und machen Fehler, genau wie jeder andere auch. Diese verletzliche Seite mit viel Gewalt wegzupacken, ist einfach unmenschlich. Brené Brown nennt Führungskräfte, die diesen Mythos durchbrechen »Daring Leaders«. Diese Führungskräfte gehen bewusst das Risiko ein, sich als ganzer Mensch zu zeigen und damit machen sie sich auch angreifbar. Daring Leaders sind Führungskräfte, die den Mythos der starken Führungskraft infrage stellen und bereitwillig ihre Schwachstellen transparent machen. Indem sie das Risiko eingehen, ihr authentisches Selbst zu zeigen, ermutigen sie andere, dasselbe zu tun. Hier wirkt die Führungskraft als Vorbild.

Aus der Praxis: In einem Teamcoaching habe ich eine Führungskraft erlebt, die genau das getan hat. Diese Frau hat sich getraut, ihre Betroffenheit und Verletzlichkeit im Team zu zeigen. In diesem Augenblick war so eine dichte Stimmung im Raum und wir haben alle mit dieser Vorgesetzten mitgefühlt. Das war ein sehr mutiger Schritt und hat gleichzeitig für viel Verbundenheit gesorgt. Ihre Schwäche habe ich als absolute Stärke erlebt und ihre Führungsposition hat keinen Schaden davongetragen. Brené Brown (2018: 46 ff.) sagt dazu, Verwundbarkeit wird zum Treibsand für Vertrauen.

Es gibt noch weitere Führungsmythen. Ich habe mal die zwei Mythen aufgegriffen, die aus meiner Sicht der Team-Resilienz schaden. Die beiden Autoren Dierke und Houben nennen in ihrem Buch insgesamt sieben Mythen bezüglich Führung. (Dierke/Houben 2022: 25 ff.) Führung jenseits der gewohnten Mythen bedeutet, dass Führungskräfte ihre Führungshaltung und ihr -verhalten kritisch hinterfragen und sich bewusst machen, dass es nicht nur eine einzige richtige Art und Weise gibt, Führung auszuüben. Stattdessen sollten Führungskräfte offen dafür sein, neue Ideen und Perspektiven zu berücksichtigen und ihre Führungshaltung und ihr -verhalten anzupassen, um sich den Bedürfnissen und Herausforderungen ihrer Teams und der Organisationen anzupassen. Entscheidend ist, sich der eigenen Glaubenssätze und Denkroutinen bewusst zu werden und sie gegebenenfalls zu hinterfragen, um sicherzustellen, dass sich das eigene Führungsverhalten nicht negativ auf das Team auswirkt.

Viele Führungskräfte sind zurzeit verunsichert, wie sie ihre Rolle als Vorgesetzter ausfüllen sollen. Sich von gewohnten und ungesunden Führungsmythen zu verabschieden, ist ein schwieriger und langer Prozess, nicht nur für die Führungsperson, sondern auch für das Team.

Aus der Praxis: Genau das habe ich in einem Team erlebt, die bisher von einer strengen und mitunter autoritären Hand geführt wurden. Die neue Führungskraft hatte andere Prinzipien und ihr oberstes Ziel war, den Mitarbeitern zu ermöglichen, ihre Stärken in der Arbeit einbringen zu können und dem Team Gestaltungsspielraum zu lassen. So hat sie viele Entscheidungsprozesse an das Team abgegeben. Das war für das Team wiederum sehr ungewohnt. In der ersten Zeit haben die Mitarbeiter wegen Kleinigkeiten an der Tür der Vorgesetzten geklopft. Es hat etwas gedauert, bis die Mitarbeiter begriffen, sie dürfen vieles selbst entscheiden. Sie spürten aber auch bald, dass sie dafür mehr Verantwortung übernehmen müssen. Sie konnten nicht mehr sagen, das hat die Chefin angeordnet. Gestaltungsspielraum bedeutet eben auch mehr Verantwortungsübernahme. Die neue Führungskraft blieb ihren Prinzipien treu und das Team wusste das bald sehr zu schätzen. Das war ein Prozess, der sich über mehrere Monate zog und mittlerweile hat dieses Team ein neues Miteinander.

6.2 Die Kunst, gesund zu führen

Die Auswirkungen von Führung auf die Gesundheit der Mitarbeiter werden seit Langem untersucht, und es hat sich immer wieder bestätigt, dass ein direkter Zusammenhang zwischen dem Verhalten von Führungskräften und der Gesundheit ihrer Mitarbeiter besteht. Die Forschung hat gezeigt, dass Mitarbeiter, die von ihren Vorgesetzten unterstützt und ermutigt werden, sowohl psychisch als auch mental gesünder sind. Wenn Führungskräfte dagegen zu kritisch und fordernd sind, neigen die Mitarbeiter zu Stress und können sogar unter gesundheitlichen Problemen leiden. Daher müssen Führungskräfte auf ihr Verhalten und dessen Auswirkungen auf die Gesundheit ihrer Mitarbeiter achten. Dazu finden Sie im Internet jede Menge Untersuchungen. Einige Studien finden Sie hier zusammengefasst: www.do-care.de.

Die berühmt-berüchtigte VW-Studie, die inzwischen in den Schubladen verschwunden ist, wird in diesem Zusammenhang oft zitiert. Sie ergab, dass Führungskräfte ihren Krankenstand im Team mitnehmen, wenn sie ein neues Team übernehmen. Des Weiteren führte Professor Fischer (2005) eine Umfrage unter zweitausendfünfhundert Deutschen durch, die ergab, dass Mitarbeiter zwei Tage weniger fehlten, wenn der Chef lobte, sich Zeit nahm, Fehler akzeptierte und positiv auf Ideen reagierte. Im Gegensatz dazu waren doppelt so viele Mitarbeiter erschöpft und viermal so viele depressiv, wenn dies nicht der Fall war. Die Zahlen sprechen für sich (www.do-care.de).

Wenn man untersucht, was gesunde Führung bedeutet, wird deutlich, dass sie die Förderung der Gesundheit sowohl der Mitarbeiter als auch der Führungskraft selbst beinhaltet. Es wird davon ausgegangen, dass das Wohlbefinden der Führungskraft direkte Auswirkungen auf ihre Mitarbeiter haben kann. Besonders eine gute Selbstfürsorge ist ein Schlüsselfaktor für gesunde Führung, um das psychische und körperliche Wohlbefinden sicherzustellen. Führungskräfte, insbesondere solche in einer Sandwich-Position, müssen täglich mehrere Aufgaben bewältigen, wie ein Jongleur müssen Sie mehrere Teller in der Luft halten. In den Seminaren zu gesunder Führung frage ich Führungskräfte, wie sich ihr Verhalten verändert, wenn sie selbst nicht in bester Verfassung sind. Es ist menschlich, dass sich unser Verhalten ändert, wenn wir uns unwohl fühlen, zu wenig geschlafen haben oder Kopfschmerzen haben – das gilt auch für die Führungskräfte. Als Führungskraft müssen Sie das Gleichgewicht zwischen verschiedenen Bedürfnisinstanzen aufrechterhalten. Viele zerren an Ihrem Rockzipfel: Ihr Vorgesetzter, Ihr Team, Ihre Lieben und schließlich Sie selbst. Es sollen Ziele erreicht werden und gleichzeitig wollen Sie auf das Wohlergehen Ihrer Mitarbeiter achten alles andere als einfach. Sie kennen solche Zielkonflikte nur zu gut. Gesund führen heißt, sich dieser Dilemmasituation bewusst zu sein und damit umzugehen. Der erste Schritt beginnt damit, sich selbst gesund zu führen. Also wie sieht es mit Ihrer eigenen Selbstfürsorge aus?

Und hier kommen ein paar Impulse, die Sie bestimmt schon kennen, doch Wiederholung kann hier nicht schaden. Verabschieden Sie sich vom Perfektionismus und begnügen Sie sich nach Möglichkeit mit einer Erledigungsquote von achtzig Prozent. Es gibt Ausnahme-Aufgaben, die möglichst zu einhundert Prozent erfüllt werden sollen. Doch es sind weit mehr Aufgaben, die nicht perfekt erledigt werden müssen. Vermeiden Sie es, sich mit anderen Führungskräften zu vergleichen; ein solcher Vergleich kann zu Gefühlen der Unzufriedenheit führen. Fragen Sie sich stattdessen am Ende eines jeden Tages: »Welche kleinen Erfolge habe ich heute erzielt?« – »Wen habe ich heute unterstützt?« Indem Sie eine gute Selbstfürsorge praktizieren, können Ihre Mitarbeiter von Ihrem Beispiel lernen und sich bemühen, diesem Beispiel zu folgen. In dem Zusammenhang fällt mir eine Abteilungsleiterin ein, die ihre Mittagspause mit einem Brötchen in der einen Hand und mit der anderen Hand auf der Maus verbrachte. Diese ungesunde Gewohnheit ließ sich nicht hinterfragen – es geht eben nicht anders, meinte sie. Was können sich die Mitarbeiter von dieser Abteilungsleitung abschauen – auch in der Mittagspause wird gearbeitet! Die Vorbildwirkung wird von vielen Führungskräften gnadenlos unterschätzt, ganz abgesehen davon, dass diese Art die Mittagspause zu verbringen äußerst ungesund ist.

Es geht um die beiden Fragestellungen: Welches Bewusstsein habe ich als Führungskraft in Bezug auf meine eigene Gesundheit? Sehen meine Mitarbeiter, dass ich mich um meine Gesundheit kümmere? Die Vorbildfunktion erlaubt den Mitarbeitern, dass auch sie sich um ihre Gesundheit kümmern dürfen und nicht nur Raubbau mit ihren Kräften machen müssen. Zeigen Sie sich als Mensch mit Herz und vor allem mit einer realistischen Belastungsgrenze.

Des Weiteren sind Wertschätzung und Achtsamkeit gegenüber sich selbst und gegenüber den Mitarbeitern gesundheitsförderlich. Achtsamkeit kann Ihnen helfen, im gegenwärtigen Moment zu bleiben, sich Ihrer Gedanken und Gefühle bewusst zu werden und somit ein feines Gespür für die gegenwärtige Situation zu entwickeln – was braucht es gerade im Moment? Dankbarkeit für Ihr Team und die von ihm geleistete Arbeit ist ebenso bedeutsam. Für eine gesunde Führung ist es wichtig, auf die kleinen Dinge zu achten, auf Einstellungen und Verhaltensweisen, die sonst in der täglichen Hektik übersehen werden könnten. Dazu gehört es, echte Anerkennung statt künstliches Lob auszusprechen und Wertschätzung für die Person und nicht nur für die Leistung zu zeigen. Darüber hinaus sollten Führungskräfte Verantwortung delegieren, nach Meinungen fragen und häufige Gespräche, sowohl live als auch virtuell führen, um zu erfahren, was ihre Mitarbeiter umtreibt und wann die Belastungsgrenze erreicht ist. Transparenz und Klarheit bei Entscheidungen gehören ebenfalls in einen gesunden Führungsstil.

Gesund Führen erfordert Zeit und Mühe, aber es zahlt sich aus: besseres Miteinander, mehr Vertrauen, weniger Fehlzeiten, höhere Produktivität und Loyalität zum Unternehmen sind die Folge. Gesund führen ist kein Hexenwerk. Gehen Sie mit den Mitarbeitern anständig um, behandeln Sie Ihre Mitarbeiter mit Respekt, sehen Sie sie als Menschen und nicht als Produktionsfaktor oder gar als Kostenfaktor. Sehr ausführlich schreibt zu diesem Thema, Anne Katrin Matyssek. In ihren Büchern und Programmen können Sie sich viele Anregungen holen.

Übung: Dankesrunde (Schubert 2023: 243)
Bilden Sie einen Kreis, Sie müssen dabei nicht Händchen halten. Erinnern Sie Ihre Mitarbeiter daran, Blickkontakt herzustellen und sich persönlich anzusprechen. Erlauben Sie allen, ihre Dankbarkeit auf unstrukturierte Weise zum Ausdruck zu bringen, und ermutigen Sie sie, sich direkt bei einzelnen Personen, Gruppen oder nicht Anwesenden zu bedanken.

So könnte sich das anhören: »Danke Martin für deine Zeit und dein Ohr, dass du mir am Montag so aufmerksam zugehört hast. Das hat gutgetan.« – »Danke Ute für deine Unterstützung beim Stiftscafé, alleine hätte ich das nicht so gut hinbekommen.« Kommt diese Übung in Gang und wird sie regelmäßig durchgeführt, motivieren sich die Mitarbeiter gegenseitig, Wertschätzung wird direkt ausgesprochen und es ist erstaunlich, wie sich die Stimmung im Team ändert, vielleicht nicht nach der ersten Runde, jedoch bestimmt nach der dritten oder vierten Runde. Denn diese Übung schreit nach Wiederholung. (Vgl. Schubert 2023: 243) Mit einer Dankbarkeitsübung verbessern Sie die Zusammenarbeit und senken den Stresslevel.

6.3 Welcher Führungsstil setzt mehr Team-Resilienz frei?

Die Bandbreite der Führungsstile ist groß und reicht von klassisch bis modern, von autoritär bis kooperativ. Jeder hat seine eigenen Vor- und Nachteile, je nach Vorgesetztem, Mitarbeiter und Organisation. Autoritäre Führungskräfte verfolgen einen Top-down-Ansatz und treffen Entscheidungen, ohne andere zu konsultieren, während Laissez-faire-Führungskräfte eher die Hände in den Schoß legen und es ihrem Team überlassen, die Führung zu übernehmen. Beide Führungsstile sind Extremvarianten und dazwischen gibt es viele Abstufungen und Weiterentwicklungen.

In Bezug auf Team-Resilienz spielt der Entscheidungs- und Handlungsspielraum der Mitarbeiter eine wichtige Rolle. Resilienz kann sich nur entfalten, wenn Möglichkeiten gegeben sind. In den folgenden Abschnitten werden Sie zwei Führungsansätze kennenlernen, die geeignet sind, die Widerstandsfähigkeit von Teams zu fördern: »Transformationale Führung« und »Servant Leadership«.

Als Führungskraft die Rahmenbedingung für ein gutes Miteinander schaffen.

Transformationale Führung

Seit Mitte der 1990er-Jahre ist das Konzept der transformationalen Führung Gegenstand wissenschaftlicher Untersuchungen. Das Gegenstück zu transformationaler Führung ist transaktionale Führung. Die transaktionale Führung ist ein Führungsstil, der sich darauf stützt, klare Erwartungen zu formulieren, Belohnungen und Bestrafungen vorzusehen. Der transaktionale Führungsstil hat in bestimmten Situationen durchaus seine Berechtigung, sollte jedoch in der heutigen Zeit sehr moderat eingesetzt werden. Transformationale Führungskräfte konzentrieren sich darauf, Veränderungen und Transformationen herbeizuführen. Bernard M. Bass untersuchte vor allem die psychologischen Aspekte der transformationalen Führung genauer. Die vier von Bass genannten Schlüsselelemente für den transformationalen Führungsstil sind: Vorbildfunktion, inspirierende Motivation, intellektuelle Anregung und individuelle Unterstützung. (Bass 1994)

Prof. Dr. Waldemar Pelz adaptierte mit seinem Gießener Inventar »Transformational Leadership« für den Einsatz in Deutschland. Es wurden drei weitere Führungskompetenzen hinzugefügt: Unternehmerisches Denken, Fairness in der Kommunikation und Umsetzungsstärke. (www.transformationale-fuehrung.com)

Die transformationale Führung zielt darauf ab, eine Einstellungs- und Verhaltensveränderung bei den Mitarbeitern zu initiieren. Wichtige Aspekte wie Loyalität, Engagement und Selbstdisziplin sind von grundlegender Bedeutung. Kurz gesagt, es geht darum, die Selbstständigkeit der Mitarbeiter zu stärken und sie zu inspirieren, schwierige Ziele selbstständig anzugehen, selbstverständlich gemeinsam im Team. Für eine erfolgreiche Umsetzung dieses Führungsstils sind eine offene und transparente Kommunikation, eine starke Vertrauensbasis und die Pflege der individuellen Stärken von wesentlicher Bedeutung. Dies trägt zum Aufbau eines Teamgeistes bei, der einen kreativen und selbstbewussten Umgang mit Herausforderungen ermöglicht. Die Führungskraft moderiert den Dialog auf eine Weise, dass die individuellen Perspektiven aller Teilnehmer gehört und respektiert werden können. Letztlich sollte sich jeder Mitarbeiter im Team einbringen können. Sehr hilfreiche Tools dafür finden Sie in dem Werkzeugkasten von Liberating Structures. Am besten fangen Sie mit einfachen Strukturen an. Damit gelingt es Ihnen auf leichte Weise, alle in Ihrem Team zu beteiligen. Probleme können schrittweise und gezielt angegangen werden. Jede Struktur bietet eine geschickt gestaltete Abfolge von Fragen und Metaphern, um einen sinnvollen Dialog zu fördern und praktikable Schritte zu finden.

Hier ein Beispiel: Impromptu Networking ist eine gute Möglichkeit, die Mitarbeiter auf ein Thema einzustimmen. In drei Runden tauschen sich die Teammitglieder paarweise in einem kurzen Zeitfenster über zwei bis drei Fragen aus, zum Beispiel »Welche Herausforderung haben wir in der letzten Woche gemeistert?« oder »Was brauchen wir, um die Aufgaben gut erledigen zu können?« In jeder Runde gibt es einen Partnertausch und wieder werden die Fragen besprochen. Das ermöglicht jedem Einzelnen, seine ersten Gedanken zu formulieren und zu verfeinern. Selbst diejenigen, die sich normalerweise in einem solchen Rahmen nur ungern mitteilen, können einbezogen werden und sich gleichberechtigt äußern, da Hemmungen abgebaut werden. Durch die Wiederholung der Fragen steigen die Teilnehmer immer tiefer in die Fragestellung ein. Die Art des Austausches aktiviert alle Teilnehmer von Anfang an und schafft eine lebendige Atmosphäre für das Treffen. Diese Struktur entlastet die Führungskraft enorm und es entsteht ein Raum, in dem sich alle beteiligen, selbst die Stillen.

Die Führungskraft muss nicht nur über gute Coaching-Fähigkeiten verfügen, sondern auch über Vertrauen, sowohl in ihre Mitarbeiter als auch in sich selbst. Transformationale Führung arbeitet mit konkreten Zielen, auch wenn einige Strategien vage oder eher weich erscheinen. Führungspersönlichkeiten weisen den Weg mit einer klaren Vision und motivieren die Mitarbeiter, indem sie vor allem ein Vorbild sind. Das Vorleben von Werten ist äußerst erstrebenswert. Werte dienen als verlässlicher Bezugspunkt und können nicht zwangsweise geändert werden. Indem man mit gutem Beispiel vorangeht, werden die Werte sichtbar und können leichter nachgeahmt werden. Kommt Ihnen einiges aus vorherigen Kapiteln bekannt vor?

Transformationale Führung ist umfassend erforscht worden, wobei die bemerkenswertesten Auswirkungen in der Steigerung von Innovation, Kreativität, Vertrauen, Rollenklarheit, Selbstwirksamkeit, Teamzusammenhalt, Stressabbau und erhöhtem Engagement bestehen. Genau das brauchen wir für Team-Resilienz. Die transformationale Führung zielt, wie der Name schon sagt, darauf ab zu transformieren. Dieser Führungsstil ist besonders nützlich in Situationen, in denen tiefgehende Änderungen angestoßen werden müssen. Vor so einer Transformation stehen wir gerade in unserem Gesundheitswesen. Kliniken müssen sich neu aufstellen. Das erfolgreiche Konzept des Magnetkrankenhauses aus den Staaten geht neue Wege. Dieses Konzept ist auch in Europa angekommen. Ein Bereich ist Führung und hier wird der transformationale Führungsstil empfohlen.

Eine transformationale Führung lebt von vertrauensvollen Beziehungen zu den Mitarbeitern. Um dies zu erreichen, sollte der Vorgesetzte nicht zu sehr in die täglichen Aufgaben eingebunden sein. Es gibt bei dieser Art der Führung gewisse Herausforderungen zu beachten, zum Beispiel unterschiedliche Wertvorstellungen im Team, was zu Spannungen führen kann. Den Spagat zwischen »individueller Förderung« und »transparenter Gleichbehandlung« gilt es zu meistern, sowie die Balance zwischen Mitarbeiter- und Aufgabenorientierung, ein durchaus ambitioniertes Unterfangen. So erfordert diese Art zu führen ein gewisses Maß an Selbstvertrauen und vor allem eine hohe Bereitschaft zur Selbstreflexion – sich immer wieder infrage zu stellen, Altes verlernen und Neues entwickeln. Vertrauen in die Mitarbeiter spielt dabei eine zentrale Rolle und dieses Vertrauen ist durchaus mit ehrgeizigen Zielen verbunden. Letztlich wird von den Mitarbeitern erwartet, dass sie Ergebnisse erzielen. Wo es möglich ist, sollte Flexibilität und Gestaltungsspielraum geboten werden. Feedback sollte konsequent und zeitnah gegeben werden. Und dabei immer das Gesamtziel im Auge behalten, das heißt, die Ziele des Unternehmens als Ganzes.

Transformationale Führung will, wie bereits erwähnt Einstellungen und auch Verhalten verändern. Das wird wahrscheinlich auch auf Widerstand stoßen. Deswegen brauchen Führungskräfte eine Vision und Ressourcen, um mit Widerständen wirksam umgehen zu können. Bei diesem Prozess hat es sich als hilfreich erwiesen, die einzelnen Mitarbeiter mit ihren Stärken zu kennen und auch das ganze Team einschätzen zu können, was möglich ist und was auch nicht. Die Führungskraft bietet Entwicklungsmöglichkeiten an, weist Verantwortlichkeiten zu und stärkt das Vertrauen in die Leistungsfähigkeit der Beteiligten. Transformationale Führung zu praktizieren, kann eine ziemliche Herausforderung sein und dranbleiben wird belohnt.

Servant Leadership

Der Begriff »Servant Leadership« (übersetzt »dienende Führung«) wurde ursprünglich geprägt von Robert K. Greenleaf, dem Gründer des Greenleaf Center for Servant Leadership. Heutzutage hat das Wort »dienen« in einer Kultur, die großen Wert auf persönliche Leistungen und die Selbstverwirklichung legt, oft einen negativen Beigeschmack. Der Begriff »dienen« hat im wahrsten Sinne des Wortes »aus-ge-dient«.

Servant Leadership ist ein ganzheitlicher Ansatz, der darauf abzielt, die Leistung und Arbeitszufriedenheit am Arbeitsplatz zu verbessern und letztlich die psychische Gesundheit der Mitarbeiter zu fördern. Diese Führungs-Philosophie legt den Schwerpunkt auf aktives Zuhören, den Aufbau von Vertrauen, die Förderung der Eigenverantwortung und des Gemeinschaftssinns. Sie ermutigt die Führungskräfte zu konstruktiver Selbstreflexion.

*Dienende Führung ist
eine Geisteshaltung
und führt zu
wirtschaftlichem Erfolg.*

(Vgl. Oelsnitz 2022: 41) Dienende Führung reiht sich ein in die wertebasierten Führungskonzepte. Vielleicht denken Sie jetzt, wieder so eine extravagante Führungsmode, doch es gibt die Erfahrung: »Im Blick auf die Wirtschaft gilt: Wer dienend führt, ist wirtschaftlich erfolgreicher. Wer dienend führt, schafft eine breitere Zufriedenheit und wirtschaftet nachhaltiger. Wer dienend führt, hebt die Zufriedenheit von Mitarbeitenden und Kunden.« (Arens/vom Ende 2021: 7) Dienende Führung ist weit mehr als ein neuer Führungsstil, es ist vielmehr ein Lebensstil. (Vgl. Arens/vom Ende 2021: 26) Dienende Führung verkörpert den radikalen Ansatz, der sich auf die Bedürfnisse der Mitarbeiter konzentriert, also ausschließlich auf die Geführten. Der Dienst am Menschen hat höchste Priorität. Anstatt sich auf das Erzielen von Ergebnissen zu konzentrieren, widmet sich eine dienende Führungskraft der Schaffung eines Umfelds, in dem sich ihr Team entfalten und seine Aufgaben bestmöglich erfüllen kann. Diese Art der Führung wird häufig mit New Work in Verbindung gebracht, da diese neue Arbeitsform den Schwerpunkt auf vorbildliche Führung und mehr Entscheidungsfreiheit für die Mitarbeiter legt. Häufig werden flache Hierarchien geschaffen, in denen eine dienende Führung dazu beitragen kann, die langfristigen Ziele des Unternehmens im Auge zu behalten.

In Deutschland ist Servant Leadership zum einen wenig bekannt und wenn wird es immer noch allgemein als ungeeignetes Konzept für die Führung von Unternehmen angesehen. Ich sehe in diesem Führungskonzept heilsame Aspekte, die Team-Resilienz leichter ermöglichen. »Dienende Führung« ist eine Geisteshaltung, eine Frage des Charakters und verlangt von uns die Frage: »Wer bin ich?« Ausgehend von dieser grundlegenden Frage werden die Grundprinzipien der dienenden Führung erörtert. Der Schwerpunkt liegt dabei auf der Bereitschaft der Führungskraft, sich weiterzuentwickeln, auf der Befähigung der Mitarbeiter, selbstständig zu handeln, und auf der Sinngebung für die Mitarbeiter.

Greenleaf unterscheidet zwischen zwei Arten der Führung, je nach Ausrichtung der Führungskraft: »Leader-first« oder »Servant-first«. Eine klassische Führungskraft hat gelernt, vorrangig Anweisungen zu geben und häufig ist sie bestrebt, ihre eigenen Ziele zu erreichen. Im Gegensatz dazu versucht eine dienende Führungskraft, ihre Dominanz aufzugeben und sich auf die Entwicklung des Teams und seiner Mitglieder zu konzentrieren, indem sie ihnen einen Sinn und eine Perspektive gibt. Dies ist eine selbstlose Form der Führung, die sich auf das langfristige Wachstum des Teams konzentriert. Obwohl der Begriff »dienende Führung« widersprüchlich erscheinen mag, können dienende Führungskräfte, die ihr Team in den Mittelpunkt stellen, ein Umfeld der Wertschätzung und Unterstützung schaffen. Die Wirkung ist, dass Mitarbeiter in der Arbeit ihr Bestes geben.

Zusammenfassend lässt sich sagen, dass dienende Führung nach Greenleaf aus vier Kernprinzipien besteht: Eine Führungskraft sollte in erster Linie ihren Mitarbeitern dienen und sie dann führen; sie sollte sich auf das Wachstum und das Wohlergehen ihrer Mitarbeiter konzentrieren; sie sollte ihre Mitarbeiter befähigen, ihr höchstes Potenzial auszuschöpfen; und sie sollte ein Umfeld schaffen, in dem jeder zum Erfolg des Unternehmens beitragen kann. Dieser Führungsstil braucht Kraft und Überzeugung, um bereit zu sein, einen anderen und ungewohnten Ansatz zu versuchen. Es wird vor allem die Menschlichkeit ins Zentrum gerückt. Die dienende Führung bringt Vorteile mit sich und hat auch Nachteile. Auf der Habenseite steht, dass sie die Motivation, den Mut und die Kreativität im Teams fördert, indem sie ihnen mehr Verantwortung überträgt. Dies trägt dazu bei, eine starke Teamkultur zu schaffen. Eine mitarbeiterorientierte Unternehmenskultur kann durch eine dienende Führung gefördert werden, die zu einem Arbeitsumfeld führt, in dem Vertrauen und gelingende Zusammenarbeit an erster Stelle stehen. Dies ermöglicht eine Entscheidungsfindung, die für das Unternehmen und alle seine Stakeholder von Vorteil ist. Auf der anderen Seite erfordert es für die Führungskräfte viel Zeit, Mühe und Fachwissen, um Teammitglieder effektiv zu unterstützen und sie sowohl fachlich als auch persönlich zu verstehen.

Dienende Führungskräfte können aufgrund des persönlichen Charakters enge Beziehungen zu ihrem Team aufbauen. Dies kann jedoch zu einer Schwächung der Führungskraft führen, wenn Einzelne ihre Offenheit ausnutzen. Außerdem ist der dienende Führungsstil mit einigen leistungsorientierten oder kurzfristigen Anreizsystemen häufig unvereinbar. Dennoch kann man den Ansatz der dienenden Führung nutzen, indem man authentisch und zielgerichtet führt, Möglichkeiten für Wachstum bietet und den Zusammenhalt fördert.

Die Einführung einer Unternehmenskultur der dienenden Führung ist ein hochbrisantes Unterfangen. Denn dieser Wandel in der Führung muss zum einen akzeptiert werden und zum andern aktiv gestaltet werden. Es handelt sich um einen echten Paradigmenwandel: erst die Mitarbeiter und dann die Ergebnisse. Dieser Wandel erfordert einen hohen Reifegrad oder zumindest eine hohe Bereitschaft, sich entwickeln zu wollen.

Die Führungskraft fordert geradezu auf, dass sich alle am Arbeits-Prozess beteiligen. Das funktioniert nur, wenn die Führungskraft großzügig ihr Wissen teilt und keine Informationen zurückhält. Das widerspricht den Prinzipien von hierarchischen Organisationen. Die oberen Etagen verfügen über mehr Wissen und relevante Informationen werden oft nur scheibchenweise mitgeteilt. Führungskräfte müssen die Befürchtung überwinden, die Kontrolle zu verlieren. Vielleicht ist es auch eine Illusion, überhaupt Kontrolle zu haben. In der heutigen, stärker vernetzten Welt ist es notwendig, die Barrieren für Wissen zu beseitigen. Wie in anderen dargestellten Führungsmodellen nimmt auch hier die Führungskraft die Rolle eines Mentors und Ratgebers für die Kollegen ein. Es ist aus meinen Ausführungen zum Führungskonzept »Servant Leadership« deutlich geworden: Es ist ein äußerst anspruchsvoller Ansatz und beschreibt einen Idealtypus, der in Reinkultur schwer oder nur eingeschränkt umsetzbar ist. Jeder Ansatz muss sich der Realität stellen.

Kleiner Ausflug auf die dunkle Seite der Führung

Es sind Menschen, die das System Team oder gar eine Organisation leiten und verwalten. Wenn es um Menschen geht, sind Schwächen, Grenzen und Fehler unvermeidlich. Hier will ich jedoch das Thema Schattenseiten ansprechen, die jeder von uns hat, und diese werden nicht an der Pforte zur Arbeit abgelegt. Ich will damit sagen, dass die menschlichen Grenzen in der Umsetzung beachtet werden müssen. »Dark Leadership« ist der Begriff, der die Schattenseite, die dunkle Seite der Führung bezeichnet. Es scheint, dass es immer mehr Führungskräfte gibt, die nicht zum Wohle aller handeln. Oft sind es sehr charismatische Führungspersönlichkeiten, die irreführende Informationen verwenden und sich stark auf ihre eigenen wirtschaftlichen Vorteile konzentrieren.

»Nur wer seine dunkle Seite kennt, dessen helle Seite kann auch leuchten – und nur, wer sich seines eigenen Abgrund bewusst ist, kann andere Menschen gut führen.«

Susanne Kleinhenz (1965–2018), Autorin

Führungskräfte sollten sich die Zeit nehmen, ihre aktuelle Situation, die gewünschten Ergebnisse, den Nutzen für das Ganze und die Übereinstimmung ihres Handelns mit ihren Grundsätzen abzugleichen. Wenn sie ihre Macht missbrauchen, Privilegien ausnutzen, Informationen zurückhalten, inkonsequent handeln, Versprechen brechen oder sich der Rechenschaftspflicht entziehen, leben sie ihre dunkle Seite, manchmal bewusst und öfter unbewusst. Wer sich ausführlicher mit der dunklen Seite der Führung beschäftigen will, findet im Internet mittlerweile viel Input dazu. Grundsätzlich gilt: »Denn nur, wer sich selbst kennt – und auch den Mut besitzt, wirklich ehrlich in den Spiegel zu schauen –, wird den ersten Schritt gehen können: nämlich erst einmal sich selbst zu führen ... In diesem Sinne gehören Selbstführung und Selbsterkenntnis unweigerlich zusammen!« (Oelsnitz 2021: 86) Dienende Führungskräfte nehmen oft eine demütige Haltung ein, denn sie wissen, ohne ihre Mitarbeiter geht gar nichts. Bescheidene Führungspersönlichkeiten sind bereit, ihren Mitarbeitern einen Vertrauensvorschuss zu gewähren; sie investieren Vertrauen und folgen damit dem Kernprinzip der Theorie des sozialen Austauschs. Die Theorie des sozialen Austauschs zeigt, dass die meisten Menschen dazu neigen, sowohl auf positives als auch auf negatives Verhalten der anderen Partei in ähnlicher Weise zu reagieren. Oder wie der Volksmund sagt: »Wie man in den Wald ruft, so schallt es auch wieder heraus.«

Wie Sie mittlerweile wissen, bin ich ein Fan von Minischritten. Lassen Sie nun diese Grafik auf sich wirken und entscheiden Sie sich für einen Baustein, mit dem Sie Ihre Reise für mehr Servant Leadership starten wollen. Das könnte zum Beispiel täglich ein Zeitfenster von zehn bis fünfzehn Minuten für Selbstreflexion sein oder Sie trauen einem Mitarbeiter eine neue Aufgabe zu, kein Mikromanagement – einfach vertrauen, dass er sie gut erledigt. Bitte vergessen Sie nicht nach der Erledigung, den Mitarbeiter für seinen Einsatz und seine Anstrengung zu würdigen, selbst wenn das Ergebnis nicht ganz optimal ist. Oder Sie zeigen sich in einer Besprechung ehrlich und teilen mit Ihrem Team auch etwas von Ihrer eigenen Gefühlswelt. Wenn Sie so einen kleinen Schritt umgesetzt haben, reflektieren Sie wieder, was gut und was weniger gut funktioniert hat und feiern Sie sich. Seien Sie kreativ und entwickeln Sie gerne kleine Umsetzungsschritte, somit kommt Ihr Gehirn gar nicht auf die Idee, das ist nicht zu schaffen. Sie dürfen sich gerne bei mir melden, wenn Sie weitere Ideen wünschen.

Bei aller Konzentration auf die Mitarbeiter, achten Sie dabei gut auf sich selbst: »Wer Verantwortung für andere übernimmt, muss auch verantwortlich mit seinen eigenen Kräften umgehen.« (Grün 2006: 107)

Zusammenfassend lässt sich bei den beschriebenen Führungsstilen eine hohe Schnittmenge feststellen. Sie sind nicht so trennscharf voneinander abzugrenzen. Einfach umsetzen ist meine Devise.

Eine Führungskraft kommt zu Wort

Hier lesen Sie ein Interview mit einer Führungskraft, Frau Schneider, in einer Senioreneinrichtung. Sie ist eine Führungskraft, wie ich sie mir in meinen jungen Jahren gewünscht hätte.

Ich: *Wenn Sie den Begriff »Resilienz« hören, was verbinden Sie damit?*
Frau Schneider: *Dass ich aus eigener Kraft gewisse Situationen bewältigen kann. Dass ich für mich einen Weg gefunden habe, mit bestimmten Situationen umzugehen, ohne daran zu zerbrechen, vielleicht sogar gestärkt rausgehe.*
Ich: *Und wenn Sie jetzt an Team-Resilienz denken?*
Frau Schneider: *Dass ich eine gute Gruppe habe, dass wir gemeinsam diese Situationen, die wir hier im Pflegeheim erleben, bewältigen können, dass wir uns gegenseitig unterstützen. Jeder hat seine Stärken und Schwächen und die fließen in den gegenseitigen Support ein. Und dass das Team weiß, dass sie sich aufeinander verlassen können. Für mich ist es diese Verlässlichkeit und diese Unterstützung.*
Ich: *Was ist als Führungskraft Ihr Beitrag zur Team-Resilienz?*
Frau Schneider: *Ich glaube, mein Auftrag ist es, den Überblick zu behalten und die Verantwortung zu übernehmen. Bei Problemen stehe ich dann auch hinter meinem Team, damit sie merken, dass sie mir vertrauen und sich auf mich verlassen können. Am Anfang hatte ich den Eindruck: Da ist zwar ein Team, aber die kennen ihre Stärken gar nicht. Oder die wissen gar nicht, dass das, was sie gut machen, ihre Stärke ist. So war es meine Aufgabe, die Kollegen daran zu erinnern und ihnen das vor Augen zu führen. Ich habe keine Angst, Konflikte anzusprechen, auch wenn es unangenehm werden kann. Ich wusste, dass es nicht meine Aufgabe ist, die Freundin zu sein, sondern eben das Team zu stärken. Und wenn es auch bedeutet, dass ich mal unangenehme Sachen sagen muss.*
Ich: *Die Stärken zu fördern, ist Ihnen sehr wichtig.*
Frau Schneider: *Das ist für mich das Wichtigste. Ich glaube, dass jeder, der seine Stärken im Job leben kann, seinen Job liebt und gerne zur Arbeit kommt. Und das ist auch die Rückmeldung, die mir die Mitarbeiter geben. Sie haben Spaß*

an ihrer Arbeit, weil sie das machen können, was sie gerne machen. Ich glaube aber auch, dass es die Wertschätzung ist, die ich ihnen gebe.

Ich: *Wie ist Ihnen das gelungen?*

Frau Schneider: *Am Anfang habe ich gemerkt, dass das Team mich auf ein Podest gestellt hat. Ich möchte nicht anders behandelt werden als alle anderen; ich möchte eine Führungskraft sein, die respektiert und geschätzt, aber nicht auf ein Podest gestellt wird. Natürlich stelle ich mich in die erste Reihe und kämpfe an vorderster Front, wenn es sein muss, gerade wenn es Konflikte und Schnittstellenprobleme gibt. Aber ich sehe uns alle auf Augenhöhe und habe immer gesagt: Kommt zu mir nach vorne, in die erste Reihe, versteckt euch nicht hinter mir. Am Anfang gab es einige, die haben sich mir untergeordnet. Das wollte ich nicht. Ich möchte, dass wir alle auf Augenhöhe sind und jeder seine Stärken lebt. Und meine Stärke ist es eben, dass ich für mein Team einstehe und die anderen haben eben ihre eigenen Stärken.*

Ich: *Wie stellen Sie sicher, mit Ihrem Team auf Augenhöhe zu kommunizieren?*

Frau Schneider: *Natürlich mit Respekt. Also ich versuche, mich nicht über die Mitarbeiter zu stellen und es besser zu wissen. Auch mir passieren Fehler und ich entschuldige mich dafür. Dadurch mache ich mich nahbar. Mein Team erfährt von mir, wenn es bei mir nicht so gut läuft und dadurch kann eine positive Fehlerkultur entstehen. Ich glaube, wenn ich das so mit gutem Beispiel vorlebe, fällt es meinem Team auch leichter zu sagen: Okay, ich habe da einen Fehler gemacht oder mir geht es heute nicht so gut. Ich finde das schön, dass Sie von sich aus ins Büro kommen und sagen, wenn es ihnen einmal nicht so gut geht. Und meine Antwort ist: Was können wir tun? Brauchen Sie eine Auszeit? Häufig reicht schon ein kurzes Gespräch. Das erlebt das Team als Wertschätzung.*

Ich: *Eine gesunde Fehlerkultur ist Ihnen wichtig?*

Frau Schneider: *In dem Moment, in dem wir Fehler entdecken, können wir sie beheben und wir können besser werden. Und mir ist es ein Anliegen, dass wir bei zwischenmenschlichen Konflikten offen darüber sprechen. Manchmal braucht es hierfür unsere Supervision.*

Ich: *Also ich höre viele Führungsprinzipien, wie Transparenz, Wertschätzung, Augenhöhe und Fehlerkultur. Wie sieht es mit dem Vertrauen im Team aus?*

Frau Schneider: *Vertrauen ist wichtig. Geholfen haben viele Gespräche. Wir haben viel geredet. Ich habe relativ schnell gesagt: »Sagen Sie mir, was wir verändern können – sprechen Sie mit mir.« Also da waren am Anfang sehr große Ängste. Und es hat bei Einzelnen länger gebraucht, Vertrauen zu fassen.*

Ich: *Ängste bezüglich was?*

Frau Schneider: *Ich habe oft erlebt, dass sie gesagt haben: »Ich habe Angst, dass ich dann gekündigt werde, dass ich eine Abmahnung bekomme.« Ich glaube, letzten Endes haben da immer Ablehnungsthemen dahintergesteckt. Da war ich wahrscheinlich eine große Projektionsfläche. Aber ich glaube, das hat auch etwas damit zu tun, dass sie mich eben damals nicht auf Augenhöhe gesehen haben. Ich erinnere mich an eine Teamsitzung, in der ich gesagt habe: »Das reicht mir jetzt, dass Sie mich als Projektionsfläche immer wieder missbrauchen.« Das war vielleicht nicht die richtige Herangehensweise, denn es war zu abstrakt formuliert. Aber letzten Endes habe ich einfach immer wieder gesagt: »Sprechen Sie mit mir!« Ich glaube, es hat auch die Supervision gebraucht, in der unschöne frühere Erfahrungen auf den Tisch kamen. Das Team hat erlebt, dass ich das, was ich sage, auch umsetze, dass ich verlässlich bin. Und wenn es einen Konflikt mit anderen Abteilungen gab, habe ich mich darum gekümmert. Oder wenn sie gesagt haben: »Wir wünschen uns dies und das …«, habe ich mich auch darum gekümmert. Ich war immer transparent und habe gesagt, wenn etwas nicht geht. Ich versuche, mir die Zeit zu nehmen, allen zuzuhören. Also vor allem, wenn es um Konfliktsituationen geht, kann das Team sich hundertprozentig auf mich verlassen. Dann bin ich da. Ich glaube, wir sind ein Team, in dem mittlerweile großes Vertrauen herrscht. Es gibt schon ein oder zwei Personen, die nicht so ganz im Team integriert sind. Daran möchte ich mit dem Team arbeiten. Ich möchte dazu beitragen, dass die Mitarbeiter gern zur Arbeit kommen. Ich kenne das aus meiner beruflichen Vergangenheit, dass es Momente gab, in denen ich nicht gerne zur Arbeit gegangen bin. Ich hatte Angst und habe ich mich krank gefühlt. Deswegen ist es mir vielleicht auch so wichtig, dass das in meinem Team nicht so ist.*

Ich: *Nichts behindert uns so sehr wie Angst.*

Frau Schneider: *Ich habe Angst vor meiner Vorgesetzten am eigenen Leib erfahren. So eine Chefin möchte ich nicht sein. Natürlich habe ich auch manchmal die Sorge, dass ich doch vielleicht auch so werde. Also ich kann nicht immer perfekt sein, aber ich weiß einfach, ich möchte nicht, dass mein Team Angst vor mir hat. Ich möchte, dass wir uns gegenseitig respektieren.*

Ich: *Und inwieweit spielt Demut eine Rolle in Ihrer Führungsaufgabe?*

Frau Schneider: *Also ich empfinde das als große Bereicherung, dass ich dieses Team führen darf. Und ich lerne so viel dazu. Auch einfach demütig zu sein und zu sagen, mein Gegenüber hat genauso eine Berechtigung, hier zu sein wie ich und ich weiß es nicht besser. Wenn eine Kollegin kommt und sagt, Sie haben da was gesagt, was mich sehr verletzt hat – höre ich zu. Natürlich ist der erste Impuls Abwehr. Ich möchte nicht hören, dass ich andere Menschen verletze. Und auch da demütig zu sein, zu sagen okay, hier sitzen einfach zwei erwachsene Menschen, die verletzlich sind.*

Ich: *Ich würde sagen, wenn Mitarbeiter sich trauen, Ihnen diese Rückmeldung zu geben, ist das ein Vertrauensbeweis.*

Frau Schneider: *Stimmt, und auch wenn es unangenehm ist, frage ich mich, wo da mein Anteil ist, dass ich Menschen ein blödes Gefühl gegeben habe.*

Ich: *Mit welchem Menschenbild führen Sie?*

Frau Schneider: *Ich glaube, dass wir alle gleich sind. Jeder hat so sein Paket zu tragen. Ich versuche, allen gerecht zu werden.*

Ich: *Das ist ein hoher Anspruch und wie werden Sie sich selbst gerecht?*

Frau Schneider: *Wenn ich nicht auf mich selbst achte und auf meine eigenen Grenzen, dann agiere ich schon mal aus einem Tunnelblick heraus. Gerade in einer Senioreneinrichtung gibt es stressige Momente. Die kann ich gut managen, aber ich kann dann nicht auch noch darauf achten, ob ich vielleicht verletzend bin oder andere Beteiligte übersehe. An konflikthafte Situationen gehe ich immer so ran, dass ich sage: »Okay, was ist mein Anteil daran?« Und ich glaube, es gibt auch einfach Situationen, gerade in der Führungsposition, in denen ich einfach angegriffen werde, ohne dass ich vielleicht irgendwas Schlimmes ge-*

macht habe, sondern einfach, weil ich Führungskraft bin. Also, wenn ich merke, da ist eine starke Abwehrhaltung in mir und ich mich vielleicht aufrege, dann ist das für mich ein ganz klarer Indikator, bei mir selbst zu schauen: Das hat mit mir zu tun und welche Gefühle will ich jetzt gerade nicht fühlen?
Ich: *Das heißt, Sie reflektieren sich sehr. Meine nächste Frage: Haben Sie eine Zukunftsvision für Ihr Team?*
Frau Schneider: *Ich habe ganz viele Ideen. Und ich versuche, die Mitarbeiter auch immer darin zu fördern, noch mehr ihre Stärken zu leben. Und das bedeutet zu sagen: »Hey, wollen Sie nicht doch? Können Sie sich nicht vorstellen, das zu machen?« Die eine Kollegin schreibt gerne. Dann soll sie einen Text für die Homepage schreiben. Also so einfach! Ich wünsche mir, dass jedes Teammitglied seine Stärken leben kann. Ich wünsche mir, dass das Team noch mehr zusammenwächst. Da ist schon einiges passiert. Wir unterstützen uns gegenseitig. Wir haben gelernt, uns Feedback zu geben. Das habe ich gerade anfangs immer wieder angesprochen, dass die Leute sich gegenseitig Feedback geben. Es gab jetzt einige Situationen, an denen das Team wirklich gewachsen ist. Nicht nur in der Supervision, sondern auch in Teamsitzungen geben wir uns Rückmeldungen. Es gab zwei Teamsitzungen, da konnte ich nicht mehr an mich halten und bin lauter geworden. Da hat das Team sehr professionell reagiert. Das Team hat das Zepter in die Hand genommen und hat dann seine Sichtweise eingebracht und mich korrigiert. In solchen Situationen können wir gemeinsam wachsen.*
Ich: *Konflikte sind unvermeidlich. Aber wenn ein Team in der Lage ist, Konflikte effektiv zu lösen, kann das unglaublich befähigend und stärkend sein.*
Frau Schneider: *Wenn es einen Konflikt gibt, ist mittlerweile die Bereitschaft hoch, diesen zu klären. Es fühlt sich vielleicht in dem Moment unangenehm an, aber sie spüren, dass sie nicht bewertet werden und sie brauchen keine Angst davor zu haben, dass die Vorgesetzte sie dann sanktioniert. Sie erleben diese Sicherheit von mir, dass ich nicht irgendwas Schlimmes mache, im Gegenteil, ich fördere sie. Ich bin so dankbar um dieses Team, dass die so sind, wie sie sind.*

Ich: *Wenn man sich die einzelnen Personen in Ihrem Team anschaut, würde ich nicht behaupten wollen, dass jede Person eine hohe Resilienz hat und trotzdem im Miteinander, im Zusammenspiel mit Ihnen, mit Ihren Führungsideen und Prinzipien entsteht da etwas, was ich als Team-Resilienz bezeichnen möchte.*

Frau Schneider: *Ja, die eine Kollegin hat in der letzten Supervision auch gesagt, sie hat das Gefühl bekommen, dass sie sich gegenseitig vertrauen können. Das war für mich der Punkt, an dem ich gemerkt habe, dass das Team als Einheit zusammengewachsen ist. Sie fühlen sich sicher. Mein Bild ist, dass wir uns fest an den Händen halten. Ich merke das zum Beispiel, wenn ich im Urlaub oder mal krank bin, dass sie sich gegenseitig unterstützen. Die organisieren sich sehr gut selbst. Ich sehe es auch an den Krankheitstagen, die sind im Gegensatz zu anderen Bereichen sehr niedrig. Die kommen gerne und wenn sie sich krank melden, dann sind sie wirklich krank. Aber einzelne Fehltage gibt es wenig.*

Ich: *Eine letzte persönliche Frage: Was ist Ihre Sinnquelle für die Arbeit?*

Frau Schneider: *Hm, als ich neun Jahre alt war, wurde ich gefragt, was ich tun würde, wenn ich eine Million Euro hätte. Ich habe gesagt: »Ich würde ein Altenheim kaufen.« Meine Idealvorstellung war immer ein Bauernhof, auf dem ältere Menschen leben. Kindergärten kommen regelmäßig vorbei und es ist einfach eine Idylle. Das war für mich immer so eine perfekte Vorstellung und irgendwie habe ich das so beibehalten. Ich habe unglaublich Respekt für das Alter, für alte Menschen und ich wünsche mir, dass sie respektvoll behandelt und wertgeschätzt werden. Dass man in Menschen mit Demenz ihre Ressourcen sieht, was sie können. Dass Menschen in ihrem Sterbeprozess begleitet werden. Das sind gesellschaftliche Tabuthemen. Und mir ist es so wichtig, dass die Gesellschaft einfach anders darauf blickt. Und ja, wenn ich da so einen kleinen Beitrag leisten kann, ist das für mich riesig.*

Ich: *Danke schön, für Ihre ehrlichen Antworten und Ihre Zeit und ich wünsche Ihnen alles Gute für Sie und Ihren weiteren Weg.*

7.

Team-Resilienz bei hybrider Zusammenarbeit

Trotz geografischer Entfernung verbunden bleiben und gut zusammenarbeiten.

Widerstandsfähigkeit bei hybrider Zusammenarbeit aufzubauen und zu erhalten ist eine besondere Aufgabe. Die Herausforderungen können virtuelle Kommunikationsprobleme, Missverständnisse, Vertrauensverlust und schwindender Zusammenhalt im Team sein und das wirkt sich auf den Gesamterfolg des Teams aus. Hinzu kommt, dass bezüglich Homeoffice jeder Einzelne unterschiedliche Bedürfnisse und Erwartungen haben kann, was zu weiteren Komplikationen führen kann. Es ist sowohl für das Team als auch für den Einzelnen von Vorteil, diese Herausforderungen und Auswirkungen zu verstehen und konstruktiv zu reflektieren. Es geht also darum, das »Verteilt und doch Verbunden« resilient hinzubekommen. (Vgl. Kauffeld 2016: 47)

Hybride Teamarbeit ermöglicht eine Zusammenarbeit, die nicht an Zeit und Ort gebunden ist. Aufgaben können synchron, zum Beispiel in Besprechungen oder in Präsenztagen, oder asynchron innerhalb eines festgelegten Rahmens durchgeführt werden. Der physische Standort ist kein entscheidender Faktor mehr, da die Kommunikation unabhängig von Zeit und Ort zuverlässig funktionieren kann. (Vgl. Engelage-Meyer 2022: 20)

Die Erfahrungen aus der Coronapandemiezeit haben gezeigt, dass hybrides Arbeiten funktioniert – sogar viel besser als befürchtet. So bietet remote arbeiten mehr Flexibilität in der Zeiteinteilung für die Mitarbeiter. Die Arbeit kann zum Beispiel entsprechend des eigenen Tagesrhythmus erledigt werden, die Morgenmenschen eben sehr früh und die Abendmenschen in den Abendstunden. Private Termine können unkomplizierter wahrgenommen werden. Der Umzug ins Homeoffice bringt angenehme Freiheiten mit sich. Die Gesundheit und die Zufriedenheit der Mitarbeiter sind eine Folge davon. Doch wo bleibt die Verbundenheit, wenn die Mitarbeiter zwar flexibel, aber auch allein von zu Hause aus arbeiten können? Es gibt kein gemeinsames Mittagessen oder die Tasse Kaffee in einer Pause oder einfach der kurze Plausch mit dem Kollegen. Sehr nachvollziehbar ist, dass viele sich nach dem zwangsverordneten Homeoffice wieder mehr persönliche Zusammenarbeit wünschen. Das nennt man das »Paradoxon der Hybridarbeit« (Engelage-Meyer 2022: 21). Die Kunst bei hybrider Aufgabenerledigung besteht darin, die individuellen Bedürfnisse und den Teamzusammenhalt unter einen Hut zu bekommen.

Die gleichen Resilienzkompetenzen, die für ein Präsenzteam unerlässlich sind, sind auch für ein hybrides Team bedeutsam. Die Rahmenbedingungen sind jedoch anders, wenn wir von hybrider Zusammenarbeit sprechen. Faktoren wie Kommunikation, Vertrauensbildung und Problemlösung erfordern einen erweiterten Ansatz, um sicherzustellen, dass das Team angesichts von Herausforderungen belastbar und effektiv bleibt. Lassen Sie uns Strategien finden und implementieren, die dem Team helfen, alle Herausforderungen zu meistern, die in einer hybriden Umgebung auftreten. Im Folgenden möchte ich drei Aspekte intensiver beleuchten:

- Kommunikation
- Vertrauen und Zusammenhalt
- Führung von hybriden Teams

7.1 Kommunikation – das A und O bei hybrider Zusammenarbeit

Aufgrund der räumlichen Trennung kann es schwierig sein, eine direkte Kommunikation und Zusammenarbeit aufrechtzuerhalten. Um dem entgegenzuwirken, werden verschiedene digitale Möglichkeiten wie Onlinemeetings, Kollaborationsplattformen, Chat-Tools wie Slack und E-Mail eingesetzt. Virtuelle Kommunikation kann bis zu einem gewissen Grad die persönlichen Gespräche ersetzen oder ergänzen. Obwohl die virtuelle Kommunikation praktisch ist, hat sie ihre Grenzen. Wir können die nonverbalen Signale, wie

Mimik, Gestik und Körpersprache, nur zweidimensional auf dem Bildschirm beobachten. Das macht es schwieriger, diese nonverbalen Signale wahrzunehmen und zu verstehen. Außerdem ist die Möglichkeit, dem anderen in die Augen zu schauen und seine Reaktion zu sehen, bei der Onlinekommunikation eingeschränkt. Ohne physische Signale, Mimik und Körpersprache kann es für Menschen in der virtuellen Kommunikation schwieriger sein, seine Botschaft effektiv auszudrücken und einander vollständig zu verstehen. Infolgedessen kann die virtuelle Kommunikation weniger wirksam sein als die Kommunikation von Angesicht zu Angesicht, weil die Körpersprache nur sehr eingeschränkt wahrgenommen werden kann. Auch steigt die Wahrscheinlichkeit von Missverständnissen und Fehlinterpretationen. Auf dieses Risiko ist besonders in der asynchronen Kommunikation (Chat oder E-Mail) zu achten. Schnell ist mal ein Satz dahingeschrieben und der adressierte Kollege bekommt es in den falschen Hals. So kann eine kurze, sachliche Botschaft im Chat schnell missverstanden werden und wenn nicht darüber gesprochen wird, führt das zu Spannungen, die ganz leicht vermieden werden können. Kleine Missverständnisse können somit schneller eskalieren und zu Konflikten führen. Und gerade wenn Sand im Getriebe ist, kann man sich durch die räumliche Trennung viel leichter zurückziehen und aus Unbehagen einem klärenden Gespräch aus dem Weg gehen. Dann gibt es noch die introvertierten Mitarbeiter, denen fällt es schwerer, von sich aus auf die Kollegen zuzugehen, sie greifen nicht so schnell zum Telefonhörer. Vielleicht entspricht leisen Menschen die asynchrone Kommunikation sogar mehr, aber sie ist sehr anfällig für Missverständnisse. Es hat eben alles seine Licht- und Schattenseiten. Vorteilhaft ist, sich dieser Risiken bewusst zu sein und achtsam damit umzugehen.

Es gibt des Weiteren einen kritischen Aspekt: Einige Mitarbeiter sind zeitweise im Büro und können von Angesicht zu Angesicht kommunizieren, während andere aus der Ferne arbeiten und sich auf digitale Tools verlassen müssen. Die Teilteams erleben dann eine deutliche Trennung. Einige führen direkte Gespräche vor Ort, andere können nur von ihrem Computer aus interagieren, was mehr geplant werden muss. Die remote arbeitenden Kollegen können sich nicht zufällig auf dem Flur oder in der Kantine treffen. Es ist eine Tatsache, in Präsenzzeiten findet viel mehr informeller Austausch statt und manche Angelegenheiten werden schnell nebenbei geklärt. Es wurde festgestellt, dass mit der Zunahme der mobilen Arbeit weniger informeller Austausch stattfindet. Gibt es Missverständnisse oder Konflikte im Team, braucht es bei hybrider Zusammenarbeit einen bewussten Schritt zur Klärung. Ungeklärte Missverständnisse erschweren eine gelingende Zusammenarbeit und möglicherweise entwickelt sich der Teamgeist in eine negative Richtung.

Deshalb sind persönliche Treffen auch in der digitalen Arbeitswelt wichtig, um ein Gefühl der Gemeinschaft und des Verständnisses unter den Teammitgliedern zu schaffen. Es ist einfacher, eine einheitliche Vision für eine erfolgreiche, digitale Zusammenarbeit zu entwickeln und einen Einblick in die Gedanken und Handlungen der anderen Gruppenmitglieder zu erhalten, wenn man sich persönlich trifft. Regelmäßige persönliche Treffen tragen auch dazu bei, die Widerstandsfähigkeit des Teams zu fördern, indem sie klare Rollen und Verantwortlichkeiten für jede Aufgabe festlegen. Letztlich sind persönliche Treffen der Schlüssel zur Entwicklung eines gemeinsamen Verständnisses und zur Förderung der hybriden Zusammenarbeit. Aus beiden Welten das Beste nutzen, ist eine gute Devise für Team-Resilienz.

Außerdem hat man beobachtet, dass in einem hybriden Team weniger miteinander gesprochen wird als gemeinsam vor Ort. Der Schritt ins Nachbarbüro ist eben leichter als der Griff zum Telefonhörer. Das ist im Blick zu behalten. (Vgl. Kauffeld 2016: 47) Und es wird in Onlineräumen mehr aufgabenorientiert oder eher sachlich kommuniziert, dabei wird die Bedeutung des Aufbaus von guten Beziehungen eher vernachlässigt. Um die Widerstandsfähigkeit von Teams zu gewährleisten, braucht es sowohl die aufgabenbezogene als auch die persönliche Beziehungsebene. Beides gehört für Team-Resilienz zusammen.

Untersuchungen weisen darauf hin, dass sich sowohl die Häufigkeit als auch die Qualität der Kommunikation in hybriden Teams verändert hat, was nicht unbedingt zu einer erhöhten Belastbarkeit des Teams führt. Organisieren Sie regelmäßige persönliche Treffen, die durch sinnvolle virtuelle Treffen ergänzt werden. Achten Sie darauf, dass es ausreichend Gelegenheit gibt, persönliche Angelegenheiten zu besprechen und gestalten Sie Ihre Onlinebesprechungen aktivierend. Weiter unten finden Sie einige Ideen für Onlinemeetings. Der springende Punkt bleibt, dass hybride Teams einen höheren Zeitaufwand für Kommunikation aufwenden müssen. Ohne die Bequemlichkeit, alle im Büro zu haben, müssen zusätzliche Anstrengungen unternommen werden, um effektiv zu kommunizieren. (Weißner/Hoffmann 2022: 69 ff.)

Ich selbst trage jedoch die Vorstellung in mir, dass wir alle in der virtuellen Kommunikation immer besser werden, wir werden lernen, die Nuancen in der Stimme intensiver wahrzunehmen, so wie es Blinde können und wir werden uns daran gewöhnen, regelmäßige Onlinebesprechungen durchzuführen. Für die Generation Z wird es selbstverständlich sein, weil sie damit groß geworden sind. Auch die technischen Möglichkeiten werden sich weiterentwickeln.

Tipps für die Gestaltung von Onlinebesprechungen: Selbst online haben Sie viele Möglichkeiten für einen offenen Austausch und können alle Teammitglieder beteiligen. Wie im Hotel sollte es einen Check-in geben und das hilft den Teammitgliedern, im virtuellen Raum anzukommen und präsent zu sein. Es ist wahrlich keine verschwendete Zeit, die Beziehungsebene im Team mit einer persönlichen Frage am Anfang zu stärken. Möglichkeiten eines Check-ins sind zum Beispiel Einstiegsfragen, die nicht fachlicher Natur sind.

Hier ein Beispiel: Stellen Sie sich vor, Sie hätten einen Tag frei von Verpflichtungen und Verantwortung. Wie würden Sie ihn verbringen? Gestatten Sie sich eine Runde Small Talk, es darf auch gelacht werden – das verbindet sehr.

Weitere Ideen für gute Fragen finden Sie hier:
digitaler-stuhlkreis.de/checkin und www.checkin-generator.de

Ebenso kann der Check-out mit einer eher persönlichen Frage gestaltet werden: »Was oder wer hat Sie heute erfreut?« Ist die Zeit knapp, kann die Check-out-Frage im Chat beantwortet werden und dazu können Sie die Wasserfall-Methode anwenden: Jeder schreibt seine Antwort in den Chat und die Antworten werden erst auf ein Signal hin gemeinsam abgeschickt und anschließend können sie gelesen werden. Je nach Zeit kann der Check-out auch etwas länger ausfallen. Bei diesen Interaktionen sind alle Teammitglieder beteiligt. Solche Aktionen zahlen in das Verbundenheits-Konto ein. Es gibt immer mehr Bücher, die sich mit lebendigen Methoden für den virtuellen Raum beschäftigen. Es ist von entscheidender Bedeutung, dass jeder in der virtuellen Umgebung aufmerksam bleibt – mit seinem Hirn anwesend ist. Dies lässt sich leicht durch Methoden erreichen, die jeden einbeziehen. Ich höre in meinen Seminaren so oft, dass gerade in Onlinemeetings nebenher Mails bearbeitet werden. Man braucht kein Hellseher sein, dass so ein Verhalten weder einen guten Dialog und schon gar kein Gemeinschaftsgefühl aufkommen lässt.

Wählen Sie für Ihre Kommunikation den richtigen Kanal aus. Auch wenn ein Telefongespräch längere Zeit in Anspruch nimmt, ist es einfach persönlicher als eine Mail oder eine Chatnachricht. Ein Telefonat verbindet mehr als eine Mail. Führungskräfte sind hier besonders in der Pflicht und ich kenne einige Führungskräfte, die sich regelrecht eine Excelliste mit allen Mitarbeitern erstellen, mit denen sie kommunizieren wollen. So bleiben auch die ruhigeren Mitarbeiter auf dem Radar und vor allem in Verbindung. Wir sollten uns nichts vormachen, hybride Zusammenarbeit hat zur Folge, dass mehr Zeit für Gespräche eingeplant werden muss. Dafür gibt es hoffentlich mehr ungestörte Zeitfenster für die Aufgabenerledigung.

Schaffen Sie Gelegenheit für persönliche Arbeitstreffen. Da die persönlichen Treffen nicht mehr so häufig sind, freut man sich auf solche Zusammenkünfte umso mehr. Wenn es irgendwie möglich ist, planen Sie Zeit für Persönliches ein. Zeit, in der es nicht um die Arbeit geht, sondern in der das Wirgefühl im Vordergrund steht. Ich kann mich noch gut erinnern, wie sehr ich mich auf ein Treffen mit Trainerkollegen gefreut habe, als es nach dem Lockdown wieder möglich war. Nicht so häufige persönliche Arbeitstreffen bieten möglicherweise eine Chance, dass sich Teammitglieder auf neue Weise sehen und begegnen. Hybride Zusammenarbeit bietet Abstand und Abstand kann für Beziehungen durchaus heilsam sein. Alle Teammitglieder sollten sich ihrer Pflicht bewusst sein, auf klare, transparente und respektvolle Weise zu kommunizieren.

Schwache Signale wahrnehmen

Ein hybrides Team braucht des Weiteren einen sensiblen Umgang mit sogenannten schwachen Signalen. Das Konzept der schwachen Signale, das erstmals von Ansoff (2020) vorgeschlagen wurde, ist ganz allgemein ein System zur strategischen Früherkennung. Das menschliche Gehirn neigt dazu, schwache Signale zu ignorieren und zu übersehen und sich lieber auf das zu konzentrieren, was offensichtlich ist und leicht gesehen werden kann. Dieses Phänomen ist als Unaufmerksamkeitsblindheit bekannt. Das Risiko, dass schwache Signale im Miteinander nicht wahrgenommen werden, steigt bei hybriden Teams erheblich. Dies liegt an den unterschiedlichen Zugangswegen für gemeinsame Besprechungen und Aktivitäten. Während einige einen direkten Kontakt miteinander im selben Raum haben, müssen sich andere auf Bildschirme, Mikrofone und schriftliche Unterlagen während der Besprechungen verlassen. So kann es leicht passieren, dass aufkeimende Missverständnisse und erste Anzeichen für Konflikte nicht angemessen wahrgenommen werden, obwohl es schwache Signale gibt. Auch die zunehmende Distanzierung einzelner Teammitglieder und das damit einhergehende Gefühl der Einsamkeit sind oft nur schwer zu erkennen. Resiliente hybride Teams kultivieren Praktiken, die die Sensibilität für subtile Zeichen erhöhen. Dafür sind alle Teammitglieder verantwortlich. Gute Check-in-Fragen können dazu beitragen, Raum für schwache Signale zu schaffen, zum Beispiel: Mit welchen Gedanken kommen Sie in die Besprechung? Breakout-Räume für den Tandem-Austausch können den Druck verringern, sich sofort mit dem gesamten Team austauschen zu müssen. Dies ermöglicht intimere Gespräche und kann dazu führen, dass sich einige Teammitglieder eher trauen, sich zu öffnen. Breakout-Räume für Tandem-Austausch kann die Hürde nehmen, sich gleich im ganzen Team öffnen zu müssen. Die Struktur »Impromptu Networking« bietet sich dafür an. Und schließlich ist achtsames Zuhören wichtig, um sicherzustellen, dass jeder gehört und verstanden wird.

7.2 Die Tür zum Vertrauen öffnen

Experten und Wissenschaftler betonen gleichermaßen die große Bedeutung von Vertrauen in der hybriden Zusammenarbeit. Ich lade Sie daher ein, sich dieses Thema noch einmal zu vergegenwärtigen. Wie in der Werbung werde ich hier das Stilmittel der Wiederholung anwenden. Außerdem ist Vertrauen der meistuntersuchte Faktor für den Erfolg hybrider Zusammenarbeit. Vertrauen ist ein dynamisches Phänomen, das sich innerhalb eines Teams entwickelt und aus gemeinsamen Erfahrungen resultiert. Das ist die Herausforderung in hybriden Teams, für gemeinsame Erfahrungsräume zu sorgen. Wenn nur verteilt gearbeitet wird, aber nicht Verbundenheit erlebt wird, wird sich schwerlich tragfähiges Vertrauen entwickeln. »Gegenseitiges Vertrauen ist für die hybride Zusammenarbeit eklatant wichtig.«

(Weißner/Hoffmann 2022: 74) Vertrauen von oben nach unten kann dazu beitragen, eine Vertrauenskultur zu schaffen, reicht aber nicht aus, denn auch das Vertrauen von unten nach oben und kollegiales Vertrauen spielen ebenso eine Rolle, insbesondere in Krisenzeiten.

Überspitzt gesagt, ist bei hybrider Zusammenarbeit eine Kultur des Vertrauens fast noch wichtiger als bei Präsenzarbeit. Vertrauen im Team entsteht, wenn die Teammitglieder offen und ehrlich miteinander umgehen können und darauf vertrauen, dass sich jeder für die Ziele und Normen des Teams einsetzt. Verletzlichkeit ist dafür unerlässlich, da sie die Bereitschaft zeigt, transparent zu sein und sich auf das Team zu verlassen. Und wie sieht das im hybriden Alltag aus? Es gilt, zu bedenken, dass hybrides Arbeiten weniger persönliche Kontaktmöglichkeiten mit sich bringt und persönlicher Kontakt ist für die Stärkung des Zusammenhalts und des Vertrauens so bedeutsam. Es ist wegen der eingeschränkten persönlichen Begegnungen schwieriger und langwieriger, Vertrauen und Zusammenhalt aufzubauen. Sie haben vielleicht schon das Kapitel zu Vertrauen gelesen und wissen, was Vertrauen ist und wie es gelebt werden kann. Im direkten Kontakt mit Ihren Mitarbeitern fällt es leichter. Vertrauen beruht auf Kongruenz. Wenn jemand im Einklang mit seinen Werten und Überzeugungen handelt, schafft das ein Gefühl der Sicherheit, dass wir ihm vertrauen können. So ein Mensch wird integer erlebt. Zu Integrität zählt Covey auch Bescheidenheit. Auch darüber haben Sie in diesem Buch schon gelesen. Bescheidene Menschen müssen nicht recht haben, sie treten dafür ein, was im ethischen Sinn richtig ist. Menschen, die bescheiden sind, haben große Freude daran, die Leistungen anderer zu würdigen. Ich lade Sie ein, über folgende Fragen in einer ruhigen Minute nachzudenken:

- Bemühe ich mich, anderen gegenüber ehrlich zu sein?
- Steht mein Verhalten im Einklang mit meinen Prinzipien und Werten?
- Halte ich Zusagen und Verpflichtungen ein, die ich mir und anderen gegenüber eingehe? (Vgl. Covey 2022: 122)

Nach Lencioni (2014: 579) ist mangelndes Vertrauen zwischen den Teammitgliedern die erste Dysfunktion im Team. Dies ist auf die mangelnde Bereitschaft zurückzuführen, offen miteinander umzugehen, was die Entwicklung einer vertrauensvollen Beziehung verhindert. Wenn die Teammitglieder verschlossen bleiben und ihre Fehler oder Schwächen nicht mitteilen, ist der Aufbau von Vertrauen nicht möglich. Die Gefahr, zurückhaltend zu kommunizieren und über Fehler nicht offen zu sprechen, ist bei hybrider Zusammenarbeit einfach größer. Denn die Teammitglieder haben bei hybrider Zusammenarbeit nicht ganz so viele Gelegenheiten für einen offenen Austausch. Bei eingeschränkten persönlichen Kontakten müssen bestimmte Schritte unternommen werden. Dazu gehört der Aufbau von gegenseitigem Respekt, die Förderung einer offenen Kommunikation, die Festlegung klarer Erwartungen und konsequentes Feedback. Mit diesen Schritten können Teams eine solide Grundlage für Vertrauen und Zuverlässigkeit schaffen. Für Onlinemeetings gilt es sicherzustellen, dass jeder aufmerksam zuhört und nicht nebenbei E-Mails checkt. Gerade in einem Onlinemeeting ist die Verlockung groß, sich ablenken zu lassen. Ich kenne das auch, da ist eine Besprechung nicht so ganz interessant für mich, schon klicken meine Finger auf den virtuellen Briefkasten und die Aufmerksamkeit ist zumindest teilweise von den Kollegen weg. Des Weiteren trägt ein hohes Maß an Transparenz dazu bei, Misstrauen und Missverständnisse zu vermeiden. Dazu gehört regelmäßiges Feedback, nicht nur wie gewohnt von der Führungskraft, sondern auch die Kollegen untereinander geben sich Rückmeldungen. Wagen die Mitarbeiter, ihre Gedanken, Gefühle, Absichten und Motivationen offen und klar zu kommunizieren, wächst das Vertrauen. Dafür braucht es psychologische Sicherheit und von jedem Einzelnen den Mut, sich verletzlich zu zeigen. Teammitglieder sollten ihr Engagement für das Team zeigen, indem sie die Verantwortung für ihre Handlungen und Entscheidungen übernehmen. Dies zeigt, dass sie für ihre Entscheidungen einstehen und dass sie zuverlässige Teammitglieder sind. Es ist bestimmt keine verschwendete Zeit, wenn sich das Team mit der Vertrauensfrage beschäftigt und sich anschaut, wie es

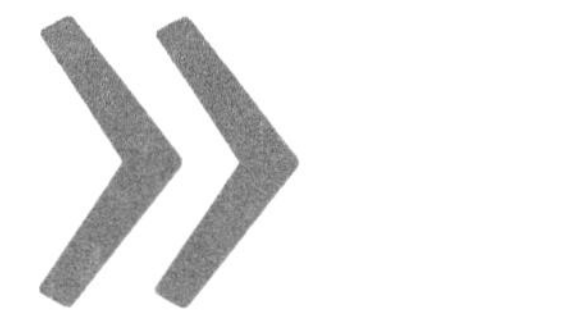

Vertrauen ist der Kitt für hybride Zusammenarbeit.

mit der psychischen Sicherheit im Team bestellt ist. Kurz sei erwähnt, der Unterschied zwischen Vertrauen und psychologisch sicheren Räumen besteht darin, dass Vertrauen zwischen Individuen entsteht, während ein sicherer Raum ein Merkmal einer Gruppe ist. Für Team-Resilienz sind beide Aspekte bedeutsam: Vertrauen und psychologische Sicherheit. Psychologisch sichere Räume sind für eine erfolgreiche Team-Resilienz unabdingbar, insbesondere für hybride Teams, in denen jeder auf den anderen angewiesen ist. In psychologischen sicheren Räumen stehen die Menschen zu ihren Fehlern und nutzen diese als Lernchance.

7.3 Die Führungskraft im hybriden Team

»Die Führung von hybriden Teams erfordert bedingungsloses Vertrauen in die Kollegen.«

Alexander Stauber

Mit Sicherheit werden jetzt einige Leser zu diesem Zitat mit den Kopf nicken und dann holt sie der Alltag wieder ein. Der kurze und direkte Weg ins Büro des Mitarbeiters ist gerade nicht möglich. Jetzt fängt die Führungskraft zu überlegen an: Rufe ich an, warte ich auf unsere nächste Besprechung, oder reimt sich die Führungskraft ihre eigenen Gedanken zusammen, warum der Mitarbeiter zum Beispiel die Aufgabe noch nicht erledigt hat? Was direkt und daher schnell besprochen werden kann, beseitigt das Unsicherheitsgefühl. Die hybride Welt braucht einen höheren Aufwand und auch eine Portion konstruktive Selbstreflexion. Bevor die Führungskraft dem Mitarbeiter eine negative Absicht unterstellt, sollte sie innehalten, nachdenken und nicht alles für bare Münze nehmen, was sich das Gehirn so ausdenkt.

Das Beste, was eine Führungskraft tun kann, ist, ein Beispiel für Vertrauen zu geben. Seien Sie als Führungskraft zuverlässig und konsequent in Ihrer Kommunikation und verschweigen Sie dem Team keine wichtigen Informationen. Ihr Verhalten und Ihre positive Einstellung werden dem Team helfen, ein Umfeld des Vertrauens und der Zusammenarbeit zu schaffen, auch wenn die Mitarbeiter aus der Ferne arbeiten. Ein Vorbild zu sein, bedeutet nicht, dass Sie perfekt sein müssen. Mitarbeiter vertrauen Führungskräften, die zeigen, dass sie menschlich sind und sich aufrichtig um die Menschen kümmern, mit denen sie arbeiten. Wenn Sie Ihre Menschlichkeit unter Beweis stellen, können Sie das Vertrauen in Ihr Team stärken. Verlässlichkeit ist ein wesentlicher Baustein für Vertrauen. Alle Teammitglieder sollten sich darauf verlassen können, dass die von ihnen benötigten Informationen verfügbar sind. Leider zeigen Mitarbeiterumfragen, dass die hybride Zusammenarbeit in diesem Bereich noch mangelhaft ist. Die Kollegen auf dem Flur tauschen möglicherweise wichtige Informationen aus, während remote arbeitende Mitarbeiter nicht einbezogen werden. Das kann leicht als unfair empfunden werden.

Als Führungskraft sollten Sie gefühlte Ungerechtigkeit noch mehr als bei Präsenzteams auf dem Schirm haben. Die Wahrnehmung von Unfairness in hybriden Teams und Teambesprechungen ist ein häufiges Problem. Diejenigen, die persönlich teilnehmen, interagieren oft enger, während diejenigen, die aus der Ferne teilnehmen, sich ausgeschlossen fühlen können und das Gefühl haben, Chancen zu verpassen. Berichten zufolge fühlen sich Mitarbeiter, die aus der Ferne arbeiten, übersehen, ignoriert oder nicht gehört, wenn Entscheidungen getroffen werden, und dies kann dazu führen, dass sie sich weniger zum Team zugehörig fühlen. Das wirkt sich äußerst negativ auf die Team-Resilienz aus. Als Führungskraft muss man sich darüber im Klaren sein, dass Remote Mitarbeiter im Nachteil sein können, weil sie aus den Augen und aus dem Sinn sind. Stellen Sie sicher, dass sie das gleiche Feedback und die gleiche Aufmerksamkeit erhalten wie die anwesenden

Mitarbeiter. Kommunizieren Sie aktiv, stellen Sie Fragen und hören Sie zu. So kann jeder auf dem Laufenden bleiben. Arbeiten Sie selbst als Führungskraft im Homeoffice, um dieser Gefahr vorzubeugen.

Nehmen Sie sich wöchentlich fünfzehn Minuten Zeit, um darüber nachzudenken, mit wem Sie in der Woche keinen Kontakt hatten. Sprechen Sie sie an und fragen Sie, wie es ihnen geht – als ob Sie sie auf dem Flur getroffen hätten. Verteilen Sie Arbeitspakete auf mehrere Kollegen im Team, um den Austausch und die Zusammenarbeit untereinander zu steigern. Sie bieten damit den Mitarbeitern einen gemeinsamen Raum für gegenseitiges Vertrauen. Und wenn die Mitarbeiter einander besser kennen, können sie sich gegenseitig besser einschätzen. Dabei sollten Sie unterschiedliche Mitarbeiter an eine Aufgabe setzen und nicht immer die gleichen Personen.

Lockern Sie Onlinemeetings mit aktivierenden Übungen auf, wie mit dieser Übung: »Zwei Wahrheiten und eine Lüge«. Dafür brauchen Sie ein Whiteboard, auf dem mit Notizzetteln jeder Mitarbeiter drei Aussagen über sich schreibt, eine Aussage ist falsch und diese sollte vom Team erraten werden. Dieses lustige Spiel ist eine großartige Möglichkeit, seine Kollegen besser kennenzulernen. Die Stimmung lockert sich spielerisch auf. Selbst wenn man schon lange zusammenarbeitet, kann man immer noch etwas Neues über den anderen erfahren.

Wenn Sie als Führungskraft in guter Absicht jeden Tag ins Büro fahren, besteht die Gefahr, ein falsches Signal auszusenden. Die Mitarbeiter, die von zu Hause aus arbeiten, könnten sich als Mitarbeiter zweiter Wahl empfinden. Untersuchungen haben gezeigt, dass die Mitglieder hybrider Teams zunehmend besorgt sind über eine ungleiche Behandlung zwischen denjenigen, die häufiger vor Ort sind, und denjenigen, die aus der Ferne arbeiten. So kann sich das Team beispielsweise darauf einigen, dass zwei Anwesenheitstage pro Woche die Norm sein sollten. Einige Mitarbeiter möchten jedoch vielleicht öfter ins Büro kommen. Es ist wichtig, dieses Problem regelmäßig anzusprechen, um sicherzustellen, dass alle sich fair behandelt fühlen.

Da besonders bei hybrider Zusammenarbeit der Arbeitserfolg nur an den erreichten Zielen gemessen werden kann und weniger durch die Kontrolle der Anwesenheit, ändert sich die Rolle der Führungskraft. Die Führungskraft wird mehr zum Ermöglicher und Coach. Eine Führungskraft kommt dabei um eine regelmäßige Selbstreflexion nicht herum.

In fünf bis zehn Jahren wird unsere Lernkurve bezüglich hybrider Zusammenarbeit mit Sicherheit steil anwachsen und wir sehen noch viel klarer, was die Team-Resilienz unter diesen neuen Arbeitsweisen braucht und voranbringt.

8.

Team-Resilienz reist nach New Work

Mit einer Kombination von Team-Resilienz und New Work lassen sich beste Ergebnisse erzielen.

Was ist New Work? Für viele ist New Work mittlerweile zu einem Buzzword verkommen – wieder so eine neue Sau, die durchs Dorf getrieben wird. Ich kann das nachvollziehen, auch ich hatte bis vor Kurzem nur eine sehr rudimentäre Vorstellung davon. Bei einer Studie hat sich herausgestellt, dass achtundachtzig Prozent der Befragten nicht genau wissen, was mit diesem Begriff gemeint ist und vierundsechzig Prozent haben davon noch nie was gehört. Immerhin fünfundzwanzig Prozent haben von dem Begriff schon mal gehört, auch wenn sie sich nicht sicher waren, was dahinter steckt. (Future of Work Report 2022: 24ff.) Der Begriff wird immer häufiger als Sammelbegriff verwendet, der unterschiedliche Interpretationen und Erwartungen zulässt.

Viele glauben, dass sie New Work bereits durch verschiedene Einzelinitiativen wie Homeoffice oder Kickertische im Pausenraum eingeführt haben. In Wirklichkeit ist New Work viel mehr als das. Es gibt verschiedene Ansätze mit etwas unterschiedlichen Schwerpunkten. Der erste Ansatz kommt vom Begründer, Frithjof Bergmann, und seinem berühmten Satz »Arbeit, die ich wirklich, wirklich will«. Diese Aussage kann leicht missverstanden werden, wenn wir sie nur auf das Individuum beziehen. Dieser Ansatz beinhaltet auch, wie wir interagieren, zusammenarbeiten und zusammenleben wollen. Bergmann schlägt eine Umstrukturierung der Arbeitswelt vor, die den Menschen mehr Flexibilität und Autonomie bietet. Er weist darauf hin, wie wichtig es ist, die Arbeit als einen Weg für persönliches Wachstum und Erfüllung zu sehen und nicht nur als ein Mittel, um den Lebensunterhalt zu sichern. Außerdem unterstreicht Bergmann den Wert von Gemeinschaft und Zusammenarbeit am Arbeitsplatz und ermutigt die Menschen, sich an Initiativen zu beteiligen, die der gesamten Gesellschaft zugutekommen. Sein Standpunkt ist utopischer Natur, denn er entwirft das Bild einer idealen Gesellschaft, die sich stark von der heutigen unterscheidet und zu deren Verwirklichung weitreichende Änderungen erforderlich wären.

Markus Väth (2019) hat New Work nach Deutschland gebracht und in der »New-Work-Charta« nennt er fünf Schlüsselprinzipien für die Gestaltung des Unternehmensalltags: Freiheit, Selbstverantwortung, Sinn, Entwicklung und soziale Verantwortung.

»Psychologisches Empowerment« landet auf den dritten Platz auf dem New Work Barometer – ein Beleg dafür, wie bedeutsam ein psychologisch befähigendes Arbeitsumfeld ist. (Schermuly/Geissler 2021: 2 ff.) Dieser Ansatz beinhaltet die vier Facetten guter Arbeit: Kompetenz, Bedeutsamkeit, Selbstbestimmung und Einfluss. (Schermuly/Geissler 2021: 94) Besonders die renommierte Organisationspsychologin, Gretchen Spreitzer hat sich intensiv mit dem Konzept des psychologischen Empowerments beschäftigt und es als eine Möglichkeit definiert, dass Menschen ihre eigene Kompetenz, Einflussmöglichkeiten und Selbstbestimmung im Arbeitskontext erleben: »Konsequent rückt sie das individuelle Erleben der Mitarbeiter in den Fokus der Empowerment Forschung.« (Schermuly/Geissler 2021: 93)

Das folgende Kapitel untersucht die Schnittmenge zwischen New Work und Resilienz im Allgemeinen als auch Team-Resilienz im Besonderen. Es gibt eine klare Verbindung zwischen beiden. Also reisen wir gemeinsam nach New Work mit seinen vier Facetten guter Arbeit. Sind Sie dabei?

8.1 Facette Kompetenz

Wie sicher fühlen Sie sich, wenn Sie an Ihre beruflichen Aufgaben denken? Sind Sie in der Lage, diese mit Ihren Kompetenzen zu bewältigen, oder bereiten Ihnen Herausforderungen schlaflose Nächte? Nehmen Sie sich gerne ein paar Minuten Zeit, darüber nachzudenken.

Hohe Kompetenzen bezüglich der beruflichen Tätigkeiten zu haben, reicht noch nicht aus, um ein hohes Kompetenzgefühl zu entwickeln. Es kann sein, dass ein Mitarbeiter die für seine Rolle erforderlichen Fähigkeiten und Fertigkeiten besitzt, aber dennoch kein ausgeprägtes Kompetenzgefühl hat. Man sollte sich der eigenen Kompetenzen auch bewusst sein. Die Forschung bestätigt, dass Menschen sich sehr in ihrer eigenen Wahrnehmung bezüglich ihrer Fähigkeiten unterscheiden können. Die einen unterschätzen und andere überschätzen sich. Ein Kompetenzgefühl entsteht, wenn Menschen die Fähigkeit haben, Aufgaben und Herausforderungen erfolgreich zu meistern und sich dessen bewusst sind. Es ist eng verbunden mit Selbstbewusstsein und Selbstvertrauen und kann dazu beitragen, dass Menschen sich motivierter und zufriedener fühlen. Positive Rückmeldungen und Anerkennung von anderen kann das Kompetenzgefühl unterstützen. Die meisten Menschen empfinden das Gefühl der Kompetenz als eine sehr angenehme Erfahrung.

Reflexionsfrage für Sie: Wann haben Sie das letzte Mal so einen Moment erlebt, in dem Sie sich in der Ausführung Ihrer Aufgabe kompetent gefühlt haben? (Vgl. Schermuly 2021: 97)

8.2 Facette Bedeutsamkeit

Menschen sehnen sich danach, dass ihre Taten zielgerichtet und sinnvoll sind. Frankl betont in seinen Arbeiten, dass jeder Mensch einen Sinn in seinem Leben finden muss, um geistig und psychisch gesund zu bleiben. Der Arbeitsplatz kann und sollte eine wichtige Quelle für Sinnhaftigkeit sein, denn Menschen aller Kulturen und Altersgruppen fühlen sich oft erfüllter, wenn sie das Gefühl haben, dass ihr Arbeitsleben einen Sinn hat. Dieses Gefühl der Sinnhaftigkeit ist ein wichtiger Faktor für die Gesamtzufriedenheit. Mitarbeiter, die ihre Arbeit sinnvoll erleben, überwinden ihre eigene Bequemlichkeit und unterstützen auch gerne ihre Kollegen im Team. Die Erfahrung von Bedeutsamkeit wird verstärkt, wenn die für die Arbeitsleistung erforderlichen Werte mit den persönlichen Werten eines Mitarbeiters übereinstimmen. Lassen wir dazu A. Förster zu Wort kommen: »Bedeutsame Tätigkeiten sind also nie brotlose Kunst, Perlen vor die Säue oder verborgene Wohltaten. Bedeutsame Tätigkeiten erfüllen nicht nur einen Zweck, sie berühren und inspirieren uns im Innern an Herz und Seele. Nicht nur im Kopf, nicht nur intellektuell, rational, verstandesmäßig. Bedeutsame Tätigkeiten lösen darüber hinaus etwas tief in unserem Innern aus, was nach außen strahlt.« (Förster 2013: 14)

Reflexionsfrage: Wann haben Sie Ihre Arbeit bedeutsam erlebt und wie haben Sie sich dabei gefühlt? (Vgl. Schermuly 2021: 100)

8.3 Facette Selbstbestimmung

Mitarbeiter, die sich in ihrer Arbeit selbstbestimmt fühlen, können ihre Aufgaben selbstständig angehen. Sie wissen, dass sie bei der Erfüllung ihrer Aufgaben erhebliche Freiheiten haben. Gerade die mobilen Arbeitsmöglichkeiten haben Selbstbestimmung in einem gewissen Maße nach vorne gebracht. Personen mit einer hohen Selbstbestimmung legen selbst fest, wann sie eine Arbeit beginnen und beenden. Diejenigen, die morgens mehr Energie haben, ziehen es oft vor, Aufgaben, die eine hohe Konzentration erfordern, am Morgen zu erledigen. Dies kann für Nachtschwärmer schwer zu verstehen sein. Flexible Arbeitszeiten haben ebenfalls einen Einfluss auf die Selbstbestimmung. Darüber hinaus spielt bei der Selbstbestimmung auch eine Rolle, wie ein Arbeitnehmer an eine Aufgabe herangeht, wobei Mikromanagement durch den Vorgesetzten kontraproduktiv ist.

Reflexionsfrage: In welchen Bereichen Ihres Berufsalltag können Sie selbstbestimmt agieren und wie fühlt sich das für Sie an?

8.4 Facette Einfluss

Einfluss kann sich auf der Arbeit auf verschiedene Weise zeigen. Man kann Entscheidungen beeinflussen, indem man Ideen vorschlägt und sie mit Nachdruck vertritt. Außerdem kann man andere durch sein Fachwissen, seine Erfahrung oder sein Know-how beeinflussen. Darüber hinaus können Personen in Führungs- oder Verantwortungspositionen über die Organisationshierarchie Einfluss ausüben. Letztlich kann Einflussnahme dazu beitragen, dass die Arbeit reibungsloser und erfolgreicher abläuft. Das Gegenteil von Einfluss und Macht ist die erlernte Hilflosigkeit. Seligman hat das Phänomen der »erlernten Hilflosigkeit« erforscht, erst bei Hunden und später hat er diese auch bei Menschen beobachtet. Menschen, die sich hilflos fühlen, haben die Erfahrung gemacht, dass ihr Handeln keinen Einfluss auf ihr Umfeld hat. Ob sie sich um Erfolg bemühen oder nicht, ob sie über sich hinauswachsen oder nicht, ob sie rebellieren oder sich anpassen, ihre berufliche Situation bleibt die gleiche. Erlernte Hilflosigkeit führt auf direktem Weg in die Resignation und im Extremfall in die Depression.

Reflexionsfragen: Bei welcher Gelegenheit hatten Sie zuletzt das Gefühl, etwas bewirkt zu haben? Wie haben Sie Ihren Einfluss genutzt, um Ihr gewünschtes Ergebnis zu erreichen? Wie war das Gefühl, etwas bewirken zu können?

Jetzt haben Sie die vier Facetten des psychologischen Empowerments im Schnelldurchgang kennengelernt. Diese vier Facetten hängen eng miteinander zusammen. Spreitzer geht davon aus, dass die Kombination von Kompetenz, Bedeutung, Selbstbestimmung und Einfluss psychologisches Empowerment erweckt, was zu einer aktiven und vor allem positiven Einstellung zur Arbeit führt. Das zeigen auch viele Forschungen. Wenn ich mich in meinen Handlungen kompetent fühle, besteht eine positive Korrelation mit der Wahrnehmung ihrer Bedeutung. Wenn ich die Auswirkungen meines

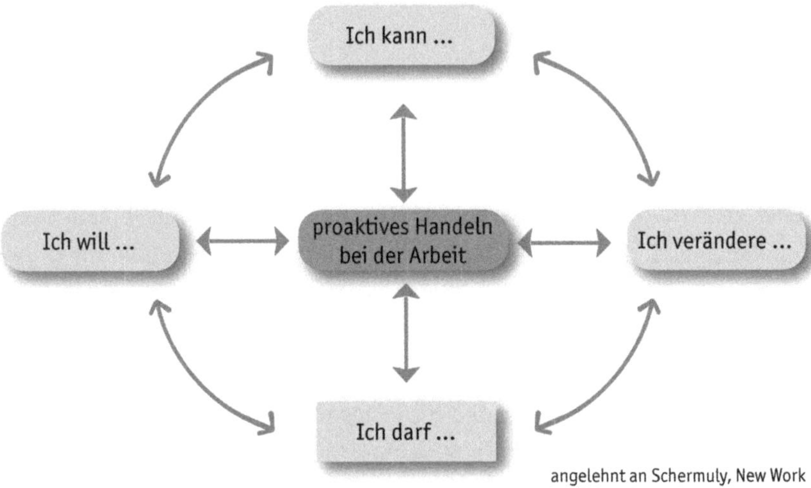

angelehnt an Schermuly, New Work

Handelns auf die Umwelt sehe, stärkt das mein Kompetenzgefühl. Wenn ich die Kontrolle darüber habe, wie meine Aufgaben ausgeführt werden, habe ich ein stärkeres Gefühl der Einflussnahme. Umgekehrt nimmt das Gefühl der Bedeutung ab, wenn meine berufliche Tätigkeit eingeschränkt ist. (Vgl. Schermuly 2021: 110)

Psychologisches Empowerment fällt nicht einfach so in den Schoß. Es braucht zusätzlich die entsprechenden sozio-strukturellen Rahmenbedingungen und eine dazu passende Führungskultur. New-Work-Experten, wie Schermuly sprechen in diesem Zusammenhang von strukturellem Empowerment. (Schermuly 2021: 85) Strukturelles Empowerment fördert vor allem eine stärkere Aufteilung der Macht zwischen der obersten Führungsebene und den Mitarbeitern sowie die Übertragung von mehr Verantwortung an die unteren Hierarchieebenen. (Vgl. Schermuly 2021: 86) Um eine Brücke zwischen dem psychologischen Empowerment des Einzelnen und der Widerstandsfähigkeit des Teams zu schlagen, bedarf es struktureller Rahmenbedingungen, die sowohl dem Einzelnen als auch dem Team ermöglichen, das volle Potenzial zu entfalten. Eine Organisation, die strukturelles Empowerment fördert, indem sie zum Beispiel Dezentralisierung von Entscheidungsbefugnissen und Beteiligung von Mitarbeitern an Entscheidungsprozessen ermöglicht, kann dazu beitragen, dass Mitarbeiter ein Gefühl von Kontrolle und Einfluss haben und sich somit motivierter und engagierter fühlen. Andererseits kann auch psychologisches Empowerment dazu beitragen, dass Mitarbeiter bereit sind, Verantwortung zu übernehmen und sich aktiv an der Gestaltung der Organisation zu beteiligen. Dies kann wiederum dazu beitragen, dass strukturelle Veränderungen in der Organisation implementiert werden. In diesem Sinne kann man sagen, dass strukturelles und psychologisches Empowerment sich gegenseitig beeinflussen und zusammenwirken. In einem solchen Umfeld können die Mitarbeiter ihr Miteinander und ihre Zusammenarbeit im Team so gestalten, dass Team-Resilienz entstehen kann.

Der Zusammenhang zwischen psychologischem Empowerment und Team-Resilienz ist offensichtlich, da Selbstwirksamkeit und Einflussnahme die Fähigkeit eines Teams erhöhen können, schwierigen Situationen standzuhalten und sich leichter Veränderungen anzupassen. Wenn ein Team ein Gefühl der Effektivität und der Kontrolle über die Arbeit und mögliche Zukünfte im Blick haben, ist die Wahrscheinlichkeit größer, dass sie Belastungen standhalten können. Zusammenfassend lässt sich sagen, dass die Prinzipien von New Work und Team-Resilienz viele Gemeinsamkeiten aufweisen. Die beiden Ansätze können sich gegenseitig beeinflussen und zu etwas völlig Neuem führen. Dieses mögliche dritte Ergebnis kann das Ergebnis ihrer gegenseitigen Befruchtung sein.

9.

Co-Kreation als Vorgehensweise

Wäre es nicht schön, wenn Team-Resilienz von ganz allein zum Erblühen käme? Egal, wie stark es draußen stürmt, das Team bleibt in seiner Widerstandsfähigkeit. Das würde bedeuten, Team-Resilienz ist ein Zustand – einmal erreicht und alles ist gut. Die Resilienz von einem Team ist jedoch kein statischer Zustand, sondern ein dynamischer Prozess. Im Gegensatz zu einem Zustand, der in der Regel stabil ist, verändert sich ein Prozess ständig und entwickelt sich weiter. Die Resilienz von einem Team durchläuft verschiedene Stadien und passt sich an veränderte Umstände an. Die Fähigkeit, sich anzupassen und zu verändern, ist für jedes Team von entscheidender Bedeutung, um widerstandsfähiger zu werden und besser darauf vorbereitet zu sein, schwierige Situationen zu meistern. Indem sich ein Team die Zeit nimmt, aktuelle Strategien zu bewerten und anzupassen, können Teams die Agilität und Flexibilität entwickeln, um schnell und effektiv auf veränderte Umstände zu reagieren.

Für ein prozesshaftes Entwickeln von Widerstandskraft im Team braucht es ein Vorgehensmodell, das sich in Kreisen nach vorne bewegt. Ein passendes Modell dafür ist, Co-Kreation, das mit iterativen Loopings arbeitet. Co-Kreation ist ein Konzept, bei dem mehrere Personen zusammenarbeiten, um etwas Neues hervorzubringen oder zu gestalten. Co-Kreation will gemeinsame Lösungen ermöglichen, die für alle Beteiligten von Nutzen sind, also eine echte Win-win-Situation. Co-Kreation kann in vielen Bereichen angewendet werden, zum Beispiel in der Unternehmensführung, bei der Entwicklung neuer Produkte oder Dienstleistungen, im Bildungswesen und bei der Lösung sozialer und ökologischer Probleme. Indem die Menschen auf gute Weise im Prozess der Co-Kreation verbunden sind und auf Augenhöhe sind, können die unterschiedlichen Fähigkeiten, Stärken und Perspektiven jedes Teammitglieds etwas Neues schaffen, das größer ist als das, was eine einzelne Person allein hervorbringen könnte. Co-Kreation als Vorgehensmodell für Team-Resilienz braucht Selbsterkenntnis und dann vor allem Verbundenheit mit den Kollegen.

Das gemeinsame Ziel ist, gemeinsam widerstandsfähig zu werden. Und dazu passt besonders die Aussage von Hüther: »Die Fähigkeit zur Co-Creation und zur Entfaltung einer kollektiven Kraft, die größer ist als die Summe der eingebrachten individuellen Kräfte, ist in jedem Team als natürliches Potenzial angelegt.« (Meyer/Wiesenthal 2022: 33) Lassen Sie uns das natürliche Potenzial im Team heben.

Dafür habe ich die einzelnen Schritte des Ansatzes auf eine Weise angepasst, wie sie sich bereits mehrfach erfolgreich erwiesen haben. Wir alle wissen, wie wohltuend es sein kann, einfach mit jemandem ein Gespräch zu führen, wenn wir nicht weiterkommen und feststecken. Durch einen guten Dialog und mithilfe sinnvoller Anstöße können wir die Kreativität oft wieder zum Fließen bringen. Wenn wir diesen Ansatz auf ein Team anwenden, können wir die Entwicklung eines Resilienzfeldes aufbauen. Wachstum und Entwicklung werden begünstigt.

In co-kreativen Loops zu Team-Resilienz

»Wenn Menschen Freude an der Arbeit miteinander haben, dann werden sie miteinander arbeiten«.

Georg Michalik (2020: 399)

Beim co-kreativen Ansatz besteht der erste Schritt darin, Wege zu finden, wie sich Menschen miteinander verbinden, ein Gefühl der Zusammengehörigkeit entstehen lassen und gleichzeitig jeden Einzelnen im Team zu respektieren und wertzuschätzen. Die Beiträge des Einzelnen sind zu würdigen: Daraus entsteht ein Umfeld der Synergie und des Respekts. Ein ausgewogenes Verhältnis zwischen kollektivem Erfolg und individueller Anerkennung ist der Schlüssel zu erfolgreicher Co-Kreation.

Sich in wieder-
kehrenden Schritten
vorwärts entwickeln.

»Das Neue entsteht aus der Verbindung, es emergiert.«

Georg Michalik (2020: 399)

Wenn sich Menschen zusammentun, um miteinander und nicht gegeneinander zu arbeiten, ihre individuellen Stärken zu nutzen, um schwierige Herausforderungen zu bewältigen, Ängste zu überwinden und zu verstehen, dass der andere keine Gefahr darstellt, ist Co-Kreation möglich. Neurowissenschaftlich ist längst bewiesen, dass wir ein Grundbedürfnis nach Verbundenheit haben. Ein kollektives Gefühl der Einheit entsteht durch die Verbindung zwischen Menschen und in ihrer Verbundenheit mit einer Sache, einem Ziel. Dieses gemeinsame Verständnis führt die individuellen Stärken der Beteiligten zusammen und es entsteht eine noch größere Kraft als die einer einzelnen Person. Ein psychologisch sicheres Umfelds ist eine wesentliche Voraussetzung für die Förderung der Verbindungen untereinander. Des Weiteren braucht es Handwerkszeug für Co-Kreation: Achtsames Zuhören und klare Visualisierung. Wir müssen offen und neugierig sein für das, was die andere Person mitzuteilen hat, und mit voller Aufmerksamkeit und Interesse zuhören. In einem Dialog teilen sich die Beteiligten auf mehreren Ebenen so viel mehr mit als Zahlen, Daten und Fakten. Es werden immer auch Interessen, Bedürfnisse und Emotionen zum Ausdruck gebracht, sowie Vorstellungen von einer guten Zukunft. Vor allem müssen wir der Versuchung widerstehen, nur das zu hören, was zu unseren eigenen Ansichten passt und alles andere auszusortieren. Wenn wir so zuhören, kann sich nichts Neues entfalten. Oft sind wir bereits mit unserer eigenen Antwort beschäftigt und unaufmerksam gegenüber der anderen Person.

Ein besserer Zuhörer zu werden, kann überraschend einfach sein: Wenn wir uns ein paar Augenblicke Zeit nehmen, um innezuhalten und uns auf das Gespräch zu konzentrieren, können wir die Informationen, die uns mitgeteilt werden, besser verarbeiten. Das kann einen echten Unterschied machen.

Zusätzlich sollten bedeutsame Bemerkungen visuell festgehalten werden, denn das gesprochene Wort kann sich schnell verflüchtigen und wertvolle Aussagen gehen verloren.

Ziel der Co-Kreation ist es, ein Team in die Lage zu versetzen, auf ein gemeinsames Ziel hinzuarbeiten und gleichzeitig die individuellen Bedürfnisse jedes einzelnen Mitglieds besser zu berücksichtigen, als wenn es jeder für sich allein versuchen würde. Das Besondere dabei ist, »im gemeinsamen, übergreifenden Interesse zu denken, zu handeln und zu entscheiden«. (Michalik 2020: 669) Co-Kreation ist nicht nur ein Vorgehen, sondern auch eine Haltung, die aus den Mitarbeitern Beteiligte macht. Jeder Mitarbeiter entscheidet sich, an der Team-Resilienz mitzuwirken. Diesem Ansatz liegt die Erkenntnis zugrunde, dass das Commitment der Mitarbeiter eine wesentliche Voraussetzung für die Entwicklung von Team-Resilienz ist. Durch die Schaffung eines Umfelds, in dem sich die Mitarbeiter unterstützt, wertgeschätzt und motiviert fühlen, kann nicht nur ein Team, sondern ganze Unternehmen eine Kultur der Resilienz schaffen, die es ihnen ermöglicht, auch in unsicheren Zeiten erfolgreich zu sein.

Die »Theorie U« von Otto Scharmer bietet ein Vorgehen, das sowohl wissenschaftlich fundiert als auch von praktischen Erfahrungen geprägt ist. Die Wirksamkeit des U-Prozesses entsteht durch eine tiefe Durchdringung des zu bearbeitenden Themas. Durch die tiefgründige Erarbeitung kommen Erkenntnisse ans Tageslicht, die einen Unterschied machen und zu wirklicher Veränderung beitragen. Der U-Prozess skizziert einen Rahmen für Co-Kreation. Die vier Phasen der co-kreativen Vorgehensweise: verbinden – anerkennen & verstehen – entdecken – umsetzen. Dann beginnt es wieder von vorne, allerdings auf einer höheren Ebene. Diese vier Phasen werden in iterativen Loops bearbeitet.

Verbinden: Der Erfolg der Co-Kreation in der Zukunft hängt in hohem Maße davon ab, dass dem Verbinden die nötige Aufmerksamkeit geschenkt wird. Hier ist ein Verbinden auf der persönlichen und sachlichen Ebene gemeint. »Wenn sich Menschen miteinander und in einem Ziel verbinden, wenn sie eine Sache zusammen verstehen, dann haben sie die Macht die Dinge zu ändern.« (Michalik 2020: 556) Am Anfang der Co-Kreation steht also die direkte Beziehung zwischen den Menschen. Wenn ein Team zusammenkommt, steht auf einer impliziten Ebene die Frage im Raum: »Kann ich mich meinen Kollegen anvertrauen? – Wird mir zugehört? – Darf ich Ich sein oder muss ich mich verstellen?« Es ist schwierig, sich auf die Inhalte einzulassen, solange man die anderen Personen nicht kennt oder noch zu wenig. Es ist wertvoll investierte Zeit, Verbindung unter den Teammitgliedern herzustellen. Kennt sich ein Team schon länger und ist der Vertrauensboden dick genug, kann die Phase des Verbindens auch kürzer sein, sie sollte allerdings nie ganz wegfallen.

Anerkennen und verstehen: In diesem Schritt geht es darum, den gegenwärtigen Stand einer bestimmten Resilienzkompetenz zu erforschen. Wenn man den aktuellen Stand einer Resilienzkompetenz erkundet, ihn würdigt und jedem Teammitglied die Möglichkeit gibt, die eigene Perspektive einzubringen, entsteht ein gemeinsames Verständnis des Status quo. Hier ist es zulässig, jegliche Unzufriedenheit mit dem aktuellen Status einer Resilienzkompetenz zu äußern. Dieser Schritt schafft Raum für die Anerkennung der Realität und kann dazu beitragen, die Tür für positive Veränderungen zu öffnen. Manchmal entdeckt man in dieser Erkundungsphase wiederkehrende Muster. Wenn es hilfreiche Muster sind, dann weiter so. Sind es ungesunde Muster, ist jetzt ein guter Zeitpunkt, sie zu verändern. Dieser Schritt wird von manchen Beteiligten nicht immer angenehm erlebt und schnell wollen alle weiter in die Lösung. Ich halte auch nichts davon, zu lange im Jammertal zu verweilen, gleichzeitig sollten Sie sich die Zeit für ein gemeinsames Verständnis des gegenwärtigen Standes nehmen.

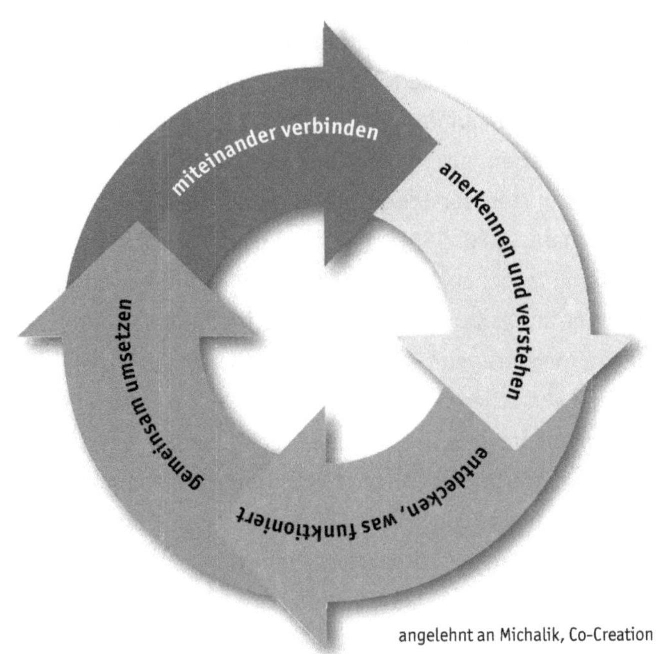

angelehnt an Michalik, Co-Creation

Entdecken: Endlich dürfen Ideen und Lösungen entdeckt werden. Das fühlt sich schon wieder viel besser an. Anfangs sollten möglichst viele Lösungsideen gesammelt werden, das kann zum Beispiel in einem stillen Brainstorming jeder für sich machen. Die gesammelten Ideen werden besprochen. Hier besteht die Gefahr, das Ja,-aber-Spiel zu starten, deswegen vereinbaren Sie die Ja,-und-Regel. Diese Regel fördert zum einen das aktive Zuhören und gleichzeitig werden die Ideen der anderen Teilnehmer aufgegriffen und erweitert. Sinnvoll ist, wenn ein Team sich auf circa drei bis fünf wirkungsvolle Ideen einigt.

Umsetzen: Jetzt geht es ins Tun. Damit wird die Tür zu einer neuen und besseren Zukunft geöffnet. Im vorherigen Schritt hat das Team sich auf ein paar Lösungsschritte geeinigt. Es sollten konkrete und wirkungsvolle Umsetzungsschritte sein. Dabei wird das weitere Vorgehen für die Durchführung konkret beschrieben. Alle Teammitglieder committen sich und jeder weiß, was und wie er dazu beitragen kann. Seien Sie in der Umsetzung geduldig mit sich und den Kollegen. Manche Verhaltensweisen zu ändern ist zeitaufwendig. Bleiben Sie jedoch dran.

Dieses Vorgehensmodell erscheint auf den ersten Blick simpel, oder? Sie wählen eine Resilienzkompetenz aus und an dieser starten Sie den Co-Kreations-Prozess, wie oben beschrieben. Ich beobachte immer wieder, dass zu früh in die Lösungsphase gewechselt wird, ohne dass die Ausgangslage richtig verstanden wurde. Oder es werden großartige Umsetzungsschritte kreiert, die gut klingen und wenig realistisch sind. Ich empfehle hier zum wiederholten Male, die Minischritte-Taktik oder die 15-Percent-Solution. Manchmal fehlt es an der regelmäßigen Reflexion, wie nachhaltig die Lösungsschritte umgesetzt wurden und wie wirkungsvoll sie waren. Heute würde man wohl eher von Retrospektiven sprechen, ein Begriff aus der agilen Softwareentwicklung. Ein Team trifft sich regelmäßig, um über die Wirkung und Nachhaltigkeit der Umsetzungsschritte zu reflektieren. Hüten Sie sich vor dem Drang, in kurzer Zeit viel zu erreichen, das führt dazu, dass die Gründlichkeit fehlt. Weniger ist mehr. Denken Sie daran, dass eine Verhaltensänderung Zeit braucht.

10.

Die Ampel springt auf Grün: Team-Resilienz starten

Die Schaffung eines psychologisch sicheren Umfelds und der Aufbau von Team-Resilienz ist keine Sozialromantik oder ein Nice-to-have. Auch wenn sich positive Veränderungen nicht sofort zeigen, sind mittel- und langfristig die Vorteile groß: zum Beispiel größere Zufriedenheit, bessere Zusammenarbeit und ein belastbareres Team, sinkende Krankheitstage, sinkende Personalfluktuation, mehr extraproduktives Verhalten. (Schermuly 2021: 141) Das wäre doch mal was!

Unsere Ampel hat, wie jede andere auch, eine rote Phase. In der roten Phase kann man nicht vorankommen, weil Hindernisse den Weg versperren. Deshalb ist es wichtig, Hindernisse zu erkennen und zu beseitigen, bevor die Ampel auf Grün schaltet. Nur dann können Fortschritte gemacht und Erfolge erzielt werden.

10.1 Hindernis: Negatives Menschenbild

Bereits im Jahr 1960 schlug der renommierte Psychologe Douglas McGregor erstmals vor, dass das eigene verinnerlichte Menschenbild einen direkten Einfluss auf die Qualität der Zusammenarbeit mit Kollegen haben kann. Seine bahnbrechende Arbeit legte den Grundstein für die weitere Erforschung der Dynamik von effektiver Teamarbeit und Zusammenarbeit. Er unterscheidet zwischen zwei Sichtweisen, die er als Theorie X und Theorie Y bezeichnet. Die Anhänger der Theorie X glauben, dass externe Belohnungen notwendig sind, um Menschen zu motivieren. Kontrolle und Überwachung mit Zuckerbrot und Peitsche müssen in der Arbeit angewendet werden, weil die Menschen von Haus aus die Arbeit eher meiden und lieber untätig sein wollen. Diejenigen, deren Menschenbild der Theorie Y entspricht, gehen von einer intrinsischen Motivation aus. Mitarbeiter wollen aus eigener Kraft etwas erreichen, und die Führung sorgt für einen idealen Handlungsrahmen. Theorie Y geht davon aus, dass Menschen intrinsisch motiviert sind und die Initiative ergreifen, um ihre Ziele zu erreichen. In dieser Sichtweise wird Arbeit als eine Quelle der Erfüllung angesehen, und die Menschen sind stolz auf ihre Leistungen. Außerdem sind mit diesem Menschenbild Verantwortungsbewusstsein und Kreativität verbunden.

Ich lade Sie ein, reflektieren Sie Ihr Menschenbild, bevor Sie mit Maßnahmen zur Stärkung von Team-Resilienz starten. Denn das Menschenbild wirkt sich auf die Umsetzung der Maßnahmen aus. Und ich finde es ehrlicher, sich einzugestehen, dass Sie bei dem einen oder anderen Mitarbeiter oder Kollegen ein Menschenbild nach der Theorie X haben. Vielleicht haben Sie mit diesem Menschen entsprechende Erfahrungen gemacht, vielleicht handelt es sich um Stereotypen und Vorurteile. Wichtig ist, die eigenen inneren Bilder zu reflektieren und gegebenenfalls zu korrigieren.

Das Menschenbild der Theorie Y ist für die Schaffung eines belastbaren Teams notwendig, da es davon ausgeht, dass die Mitarbeiter intrinsisch motiviert sind und somit »Beteiligte« sind und nicht nur zu »Betroffenen« gemacht werden. Diese Sichtweise ist für die Förderung der Widerstandsfähigkeit von Teams äußerst hilfreich.

10.2 Hindernis: Kontrollwahn erzeugt Machtlosigkeit

»Kontrolle ist gut, Verantwortung ist besser!«

Peter Hohl (*1941) Schriftsteller, Publizist und Verleger

Die Widerstandsfähigkeit eines Teams kann nicht von oben durch Mikromanagement erzwungen oder kontrolliert werden. Ein solcher Ansatz wäre unwirksam. Jedes Team bildet aus dem systemischen Blickwinkel heraus eine eigene Identität. Deswegen sollte es ermutigt werden, seinen eigenen Weg zu mehr Resilienz zu finden. Geben Sie dem Team den Raum, Verantwortung für ihre Widerstandsfähigkeit zu übernehmen. Selbst wenn Ehrenrunden gedreht werden, kann dies eine Lernerfahrung und eine Chance sein, Selbstvertrauen aufzubauen. Verabschieden Sie sich von überholten tayloristischen Hierarchien, in denen die Spitze plant und die Basis ausführt.

Aus der Praxis: Ein Team war daran gewöhnt, von der alten Führungskraft klare Vorgaben zu bekommen. Sie wurden sogar wie Schulkinder gemaßregelt, wenn sie mal rumstanden und für eine kurze Weile nicht gearbeitet haben. Mit der neuen Führungskraft wurde das Team jedoch mit einem anderen Ansatz konfrontiert. Nicht mehr die Führungskraft gab alles vor, sondern die Mitarbeiter sollten selbst ihre Arbeitsweise bestimmen. Das führte im ersten Moment zu Verwirrung. Sie waren es gewohnt, Befehle zu erhalten, aber nun sollten sie die Möglichkeit erhalten, ihre eigenen Entscheidungen zu treffen. Es wurde ihnen zugetraut, dass sie einen guten Job machen. Es dauerte einige Zeit, bis das Team dieses Konzept verstand und die Vorteile der Eigenverantwortung zu schätzen wusste.

Eine gute Idee ist, wenn ein Team Zeiträume bekommt, um an seiner Resilienz arbeiten zu können. Ermutigen Sie die Teammitglieder, gemeinsam an der Lösung von Problemen und Herausforderungen zu arbeiten, und achten Sie darauf, dass ihre Beiträge und Erfolge anerkannt werden. Nehmen Sie eine Haltung ein, dass sich Teams selbst steuern können. Ich weiß, das ist leicht gesagt. Wagen Sie es und der Lohn ist meistens hoch.

Paradoxien zum Wohle aller nutzen.

10.3 Hindernis: Leugnung von Paradoxien

Ein Paradoxon ist eine scheinbar widersprüchliche oder unmögliche Aussage, die aufgrund ihrer logischen Widersprüchlichkeit Fortschritte verhindern kann. Der lateinische Begriff »paradoxum«, der mit »scheinbar absurd, aber tatsächlich wahr« übersetzt werden kann, beschreibt ein Konzept, das scheinbar widersprüchlich ist, aber in Wirklichkeit zutrifft. Carl Gustav Jung (2011: 30) sagte: »Die Paradoxie gehört sonderbarerweise zum höchsten geistigen Gut; die schwarz-weiße Eindeutigkeit ist ein Zeichen der Schwäche«. Dabei liebt unser Gehirn Eindeutigkeit. Im Zusammenhang mit Resilienz stellt das Verständnis von Paradoxien eine besondere Herausforderung dar und gleichzeitig kann es uns helfen, nicht in ein Schwarz-Weiß-Denken zu verfallen. Wenn wir die Paradoxien der Resilienz erkennen und verstehen, können wir mit diesen widersprüchlichen Gedanken und Gefühlen besser umgehen und einen robusteren Ansatz für die Bewältigung schwieriger Zeiten entwickeln. Paradoxien in der Resilienz können uns wertvolle Gelegenheiten bieten, verschiedene Perspektiven zu erkunden und neue Erkenntnisse über unsere eigene Resilienz und die des Teams zu gewinnen.

Voraussetzung für einen guten Umgang mit Paradoxien ist eine paradoxe Denkweise. Menschen mit einer paradoxen Denkweise nutzen die scheinbar widersprüchlichen und doch miteinander verknüpften Anforderungen, um ein umfassendes Verständnis einer Situation zu erlangen. Sie nehmen die Spannungen zwischen diesen gegensätzlichen Elementen als Energiequelle an und lassen sich vom Konzept des »Sowohl-als-auch« inspirieren. Mit diesem Ansatz sind sie in der Lage, die Komplexität einer Situation besser zu erfassen und kreativere Lösungen zu finden. Eine paradoxe Denkweise bezeichnet eine offene und akzeptierende Haltung gegenüber paradoxen Spannungen und Komplexitäten. Es ist eine Denkweise, die die Unvorhersehbarkeit und Mehrdeutigkeit, die mit solchen Paradoxien einhergehen, annimmt und dennoch versucht, ihnen einen Sinn zu geben. Auf diese Weise kann ein Team die Komplexität ihrer Arbeitswelt besser verstehen und bewältigen.

Soweit die Theorie und jetzt zur Praxis. Das Paradoxon des Wirgefühls besteht darin, dass es für Teams von grundlegender Bedeutung ist, ein Gefühl der Einheit und der kollektiven Identität zu haben, es kann aber auch zu Gruppendenken führen, bei dem die Teammitglieder ihre eigene Meinung zurückstellen, um den Zusammenhalt der Gruppe zu wahren. In diesem Fall kann der Einzelne seine Fähigkeit verlieren, für sich selbst zu denken, und sich stattdessen der Gruppenmentalität anpassen, das heißt seine eigenen Überzeugungen und Meinungen aufgeben, um das Wirgefühl der Gruppe zu erhalten.

Ein Team kann zu viel des Guten haben, wenn es darum geht, stark zu sein. So ein Team hatte ich vor mir sitzen. Viele leistungsstarke Mitarbeiter, die am Ende des Tages stolz ihre Leistungen feierten. Dieses hohe Leistungsniveau konnte von einigen Teammitgliedern auf Dauer nicht aufrechterhalten werden und führte schließlich zu Konflikten zwischen den leistungsstarken und den weniger leistungsstarken Mitgliedern des Teams. Letztendlich kann eine übermäßige Betonung von Stärke der Teamdynamik und der Produktivität schaden.

Drei Möglichkeiten mit solchen Paradoxien umzugehen:

- Nehmen Sie die Spannungen im Leben an und akzeptieren Sie sie als einen natürlichen und unvermeidlichen Teil der Realität.
- Formulieren Sie Entweder-oder-Fragen in Sowohl-als-auch-Fragen um. Zum Beispiel: Wie können wir die räumliche Distanz im Homeoffice nutzen, um soziale Nähe zu schaffen, sodass unser Team auch bei Remote-Phasen effektiv zusammenarbeiten kann? Oder wie können wir bei dieser Unterbesetzung dennoch die Mindestanforderungen gewährleisten? Diese

Fragestellungen öffnen den Geist für neue Lösungen, statt im Entweder-oder-Denken festzustecken.

- Ändern Sie Ihre Perspektive. Dies kann es erleichtern, die Spannung neu zu bewerten oder sie sogar anzunehmen. Fragen Sie sich: Was ist die positive Seite dieser Spannung?

Paradoxien bleiben Widersprüchlichkeiten, doch wir können einen Umgang finden, der uns nicht lähmt, sondern hilft, neue Lösungen und Ideen zu entwickeln. Dafür braucht es Geduld und Zeit – das Gras wächst nicht schneller, wenn man daran zieht.

Schlussworte und Ausblick

»Resilienz« wurde zum Wirtschaftswort des Jahres 2022 gewählt, gemeint als Fähigkeit, sich zu verändern und sich an veränderte Umstände anzupassen. Resilienz wird in der gegenwärtigen Situation immer drängender, denn eine Veränderung jagt die andere. Manchmal entsteht der Eindruck, wir kommen vor lauter Veränderungen nicht mehr zu Ruhe. Die Aussage »Veränderungen ist das neue Normal« beschreibt die Idee, dass Veränderungen in unserer modernen Welt ein ständiger Bestandteil des Lebens geworden sind und wir müssen flexibel und anpassungsfähig sein oder werden, um gesund und erfolgreich zu sein. Dazu brauchen wir resiliente Menschen, resiliente Teams und schließlich resiliente Organisationen. Resilienz wird auch in der Zukunft ein wichtiges Thema bleiben.

Ich hoffe, ich habe Ihnen Lust auf die Förderung von Team-Resilienz gemacht. Dieses Buch bietet Ihnen einen Werkzeugkoffer, der sich in meiner Praxis bewährt hat. Verabschieden Sie sich dabei von der Idee, dass es den einen richtigen Umsetzungsweg gibt. Es gibt immer viele Wege, die nach Rom führen. Halten Sie sich an die Redewendung: »Done is better than perfect«. Damit meine ich nicht, dass Sie Team-Resilienz als Nebensache betrachten sollen, sondern vielmehr fangen Sie einfach an, machen Sie Erfahrungen und seien Sie großzügig, wenn es mal nicht so funktioniert. Gerne hätte ich die Umsetzungsschritte mit Gamification-Elementen garniert. Ich hatte es auch fest vor, doch dann lief mir die Zeit davon. Das Thema Team-Resilienz mit Gamification zu unterstützen, wird mein nächstes Projekt sein. Es wird sich zeigen, in welchem Format.

Liebe Leserinnen und Leser, vielen Dank, dass Sie sich die Zeit genommen haben, dieses Buch zu lesen. Wenn Sie Fragen zu einer Übung haben, zögern Sie bitte nicht, sich mit mir in Verbindung zu setzen. Gerne lese ich auch Berichte, was gut funktioniert hat.

Kontakt: info@brigittehettenkofer.de

Danksagung

Mein aufrichtiger Dank gilt dem BusinessVillage Verlag und Herrn Hoffmann, die mir dieses Projekt anvertraut haben. Ich bin meinen beiden Mitarbeiterinnen, Claudia Peters und Nicole Schmidt, unglaublich dankbar, denn ihre Arbeit an den Grafiken war von unschätzbarem Wert und hat mich sehr entlastet. Janine Knüppel hat mich auf ihre achtsame Weise aus einem Schreibtief geholt, denn ich hatte zwischendurch die Freude am Schreiben verloren. André Hecker gab mir Kreativitätstechniken an die Hand und las das Kapitel über New Work, wobei er mir wertvolles Feedback gab. Ich möchte auch meinem lieben Verwandten, Claus Broghammer dafür danken, dass er mein Rohmanuskript gelesen und mir die dringend benötigte Ermutigung gegeben hat. Ein großes Danke gilt all den Menschen, die sich vertrauensvoll auf meine Begleitung eingelassen haben, das empfinde ich als ein Geschenk. Danke möchte ich meiner LinkedIn-Community sagen, die mich ermutigt und gelobt haben. Das hat jedes Mal so gutgetan. Dieses Buch hat es mir ermöglicht, meine praktischen Erfahrungen mit theoretischem Wissen zu verbinden, und dafür bin ich wirklich dankbar.

Literaturverzeichnis

Ella Gabriele Amann, Anna Egger (2017): Micro-Inputs Resilienz. Lebendige Modelle, Interventionen und Visualisierungshilfen für das Resilienz-Coaching und -Training. managerSeminare Verlag.

Akademie für Individualpsychologie (2020): Zugehörigkeit. Eine grundlegende Notwendigkeit. https://akademie-individualpsychologie.ch/zugehoerigkeit-eine-grundlegende-notwendigkeit. Abruf 6. März 2023.

Ansoff (2020): Schwaches Signal. In: Wirtschaftslexikon: http://www.wirtschaftslexikon24.com/d/schwaches-signal/schwaches-signal.htm. Abruf 6. März 2023.

Dr. Hans Jürgen Arens, Michael vom Ende (2021): Führen durch Dienen. Perspektiven, Reflexionen und Erfahrungen zur Praxis von Servant Leadership. Erich Schmidt Verlag.

Bernhard Badura, Antje Ducki (2018): Fehlzeitenreport. Sinn erleben. Arbeit und Gesundheit. Springer Verlag.

Catherine Bailey, Adrian Madden (2016): What makes work meaningful – or meaningless? MIT Sloan Management Review 57. http://sro.sussex.ac.uk/61282. Abruf 6. März 2023.

Guido H. Baltes, Antje Freyth (2019): Veränderungsintelligenz. Agiler, innovativer, unternehmerischer den Wandel unserer Zeit meistern. Springer Verlag.

Bernard M. Bass, Bruce J. Avolio (1994): Improving Organisational Effectiveness Through Transformational Leadership. SAGE Publications.

Christoph Bauer (2017): Jeder für sich oder gemeinsam fürs Ganze. Kooperation als Grundprinzip agiler Organisationen. Books-on-Demand.

Joachim Bauer (2013): Arbeit. Warum unser Glück von ihr abhängt und wie sie uns krank macht. Blessing Verlag.

Niels Birbaumer (2017): Wie wir Vertrauen gewinnen – und verhindern, misstrauisch zu werden. In: Geo Wissen, 59/2017. https://www.geo.de/magazine/geo-wissen/16301-rtkl-psychologie-vertrauen-das-verbindende-gefuehl. Abruf 6. März 2023.

Beate Brüggemeier (2011): Wertschätzende Kommunikation im Business. Wer sich öffnet, kommt weiter. Junfermann Verlag.

Brené Brown (2018): Entdecke deine innere Stärke. Wahre Heimat in dir selbst und Verbundenheit mit anderen finden. Kailash Verlag.

Brené Brown (2013): Verletzlichkeit macht stark. Wie wir unsere Schutzmechanismen aufgeben und innerlich reich werden. Kailash Verlag.

Ralf Caspary (2009): Zukunft jetzt! Wie wir leben, lernen, arbeiten. Steiner Verlag.

Stephen M. R. Covey (2022): Schnelligkeit durch Vertrauen. Aktionsplan: In 13 Schritten zu mehr Vertrauen, besseren Beziehungen und höheren Gewinnen (Dein Business). Gabal Verlag.

Dr. Kai W. Dierke, Dr. Anke Houben (2022): Next Generation Leadership. Abkehr von unzeitgemäßen Führungsmythen. In: OrganisationsEntwicklung 4/22.

Karsten Drath (2014): Resilienz in der Unternehmensführung. Was Manager und ihre Teams stark macht. Haufe Verlag.

Charles Duhigg (2016): What Google Learned From Its Quest to Build the Perfect Team. New research reveals surprising truths about why some work groups thrive and others falter. In: New York Times, 02/28, 2016, https://www.nytimes.com/2016/02/28/magazine/what-google-learned-from-its-quest-to-build-the-perfect-team.html. Abruf 6. März 2023.

Carol Dweck (2016): Selbstbild. Wie unser Denken Erfolge oder Niederlagen bewirkt. Piper Verlag.

Amy C. Edmondson (2020): Die angstfreie Organisation. Wie Sie psychologische Sicherheit am Arbeitsplatz für mehr Entwicklung, Lernen und Innovation schaffen. Vahlen Verlag.

Gesine Engelage-Meyer (2022): Mit hybriden Teams mehr erreichen. Werkzeuge, Methoden und Praktiken für gelungene Zusammenarbeit auf Distanz. BusinessVillage Verlag.

Michael G. Festl (2014): Gemeinsam einsam. Entfremdung in der Arbeit heute. Zeitschrift für praktische Philosophie. Universität Salzburg.

Prof. Dr. Erich Fischer (2005): (damals Prof. an der ETH Zürich, heute Mannheim Institute or Public Health). In: Online-Magazin CASH, vom 10.02.2005 – die Quelle ist heute leider nicht mehr erreichbar.

Brian Jeffrey Fogg (2021): Die Tiny Habits®-Methode: Kleine Schritte, große Wirkung. btf Verlag.

Anja Förster(2013): Die beste Version seiner selbst werden. In: Wirtschaft + Weiterbildung. https://www.haufe.de/download/wirtschaft-weiterbildung-ausgabe-11122013-wirtschaft-weiterbildung-203842.pdf. Abruf 6. März 2023.

Gabriel Fritsch: Grundlagen der Gewaltfreien Kommunikation nach Dr. Marshall Rosenberg für private und gewerbliche Kontexte. https://gfk-mediation.de/downloads.html. Abruf 6. März 2023.

Benedikt Groß, Eileen Mandir (2022): Zukünfte gestalten. Spekulation, Kritik, Innovation. Hermann Schmidt Verlag.

Anselm Grün (2006): Menschen führen. Leben wecken. dtv Verlag.

Oliver Haas, Brigitte Huemer, Ingrid Preissegger (2022): Resilienz in Organisationen. Erfolgskriterien erkennen und Transformationsprozesse gestalten. Schäffer Pöschel Verlag.

Friedericke Hardering (2020). Sinn in der Arbeit. Überblick über Grundbegriffe und aktuelle Debatten. Springer Verlag.

Friedericke Hardering (2017): Wann erleben Beschäftigte ihre Arbeit als sinnvoll? Befunde aus einer Untersuchung über professionelle Dienstleistungsarbeit. In: Zeitschrift für Soziologie 46 (1). https://www.researchgate.net/publication/313459224_Wann_erleben_Beschaftigte_ihre_Arbeit_als_sinnvoll_Befunde_aus_einer_Untersuchung_uber_professionelle_Dienstleistungsarbeit. Abruf 6. März 2023.

Prof. Dr. Kilian Hennes (2021): Resilient neu beginnen. Wie Transformation von Krisen mit entwicklungsbereiten Teams gelingt. Books-on-Demand.

Reuven Hirak, Ann Chunyan Peng, Abraham Carmeli, John M. Schaubroeck (2012): Linking Leader Inclusiveness to Work Unit Performance. The Importance of Psychological Safety and Learning from Failures. In: The Leadership Quarterly 23.1 (2012)

Joachim Höhler (2023): What I do inspires you. 26 Mutmacher Plädoyers für mehr Zukunftsvertrauen. https://www.podcast.de/episode/599777281/26-mutmacher-plaedoyers-fuer-mehr-zukunftsvertrauen. Abruf 6. März 2023.

Gerald Hüther (2016). Vortrag zum Thema »Schule der Zukunft«. Kongresshaus Zürich.

Dennis Sawatzki (2023): Institut für Schulentwicklung und Hochschuldidaktik GmbH. https://digitaler-stuhlkreis.de/checkin. Abruf 6. März 2023.

William Isaacs (2011): Dialog als Kunst gemeinsam zu denken. Die neue Kommunikationskultur in Organisationen. EHP Verlag.

Carl G. Jung (2011): Psychologie und Alchemie. In: Gesammelte Werke, Band 12, Hrsg. Lilly Jung-Merker und Elisabeth Rüf, Walter Verlag.

Simone Kauffeld, Lisa Handke, Julia Straube (2016): Verteilt und doch verbunden. Virtuelle Teamarbeit. Springer Verlag. https://doi.org/10.1007/s11612-016-0308-8 . Abruf 6. März 2023.

Olaf Kortmann (2016): 30 Minuten Transformationales Führen. Gabal Verlag.

Rainer Krumm (2017): 9 Levels of Value Systems: Ein Entwicklungsmodell für die Persönlichkeitsentfaltung und die Evolution von Organisationen und Kulturen. 2. Auflage, werdewelt Verlag.

Rainer Krumm (2014): 30 Minuten Werteorientiertes Führen: In 30 Minuten wissen Sie mehr! Gabal Verlag.

Lean Factory (2017): Leadership Lesson. First Follower. https://www.youtube.com/watch?v=SueVLgAmRvs. Abruf 6. März 2023.

Patrick M. Lencioni (2014): Die 5 Dysfunktionen eines Teams. Wiley Verlag.

Jeffrey Lohr (2007): Angry? Breathing Beats Venting. https://news.uark.edu/articles/8933/angry-breathing-beats-venting. Abruf 6. März 2023.

Niklas Luhmann (2014): Vertrauen: Ein Mechanismus der Reduktion sozialer Komplexität. 5. Auflage. UVK Verlagsgesellschaft.

Emma Marx (2022): Co-Kreation ist. In: Neue Narrative 14/2022.

Dr. Anne Katrin Matyssek (2018): Studien zu Führung und Gesundheit (inklusive »VW-Studie«). https://www.do-care.de/studien-fuehrung-und-gesundheit-vw-studie. Abruf 6. März 2023.

Michaela Meyer, Karin Wiesenthal (2022): Mit Co-Kreation kollektives Potenzial entfalten. In: Wirtschafts-Psychologie aktuell, 4/2022.

Georg Michalik (2020): Co-Creation. Die Kraft des gemeinsamen Denkens. Schäffer Pöschel Verlag.

Paul B. Morgan, David Fletcher, Mustafa Sarkar (2013): Defining and Characterizing Team Resilience in Elite Sport. Psychology of Sport and Exercise. https://www.sciencedirect.com/science/article/abs/pii/S1469029213000058. Abruf 6. März 2023.

Holger Nauheimer (2022): Praxisbuch Hybride Teams. Wie die Zukunft der Zusammenarbeit auf den Weg gebracht wird. Beltz Verlag.

Dietrich von der Oelsnitz (2022): De|MUT. Leise Führung für eine laute Zeit. Kindle-Version. Wie wir in Zukunft führen müssen. Vahlen Verlag.

Bradley P. Owens, Michael D. Johnson, Terence R. Mitchell (2013): Expressed Humility in Organizations: Implications for Performance, Teams, and Leadership. In: Organization Science, 10/2013.

Reza Razavi (2022): Die Magie der Transformation. Wie wir Zukunft in Wirtschaft und Gesellschaft gemeinsam gestalten. Haufe Verlag.

Julia Rozovsky (2015): The five keys to a successful Google team, https://rework.withgoogle.com/blog/five-keys-to-a-successful-google-team. Abruf 6. März 2023.

C. Otto Scharmer (2019): Essentials der Theorie U: Grundprinzipien und Anwendungen. Carl-Auer Verlag. Kindle-Version.

C. Otto Scharmer (2017): Von der Zukunft her führen. Theorie U in der Praxis. 2. Auflage, Carl-Auer Verlag.

Edgar H. Schein (2016): Humbly Inquiry. Vorurteilslos Fragen als Methode effektiver Kommunikation. EHP Verlag.

Carsten C. Schermuly (2021): New Work. Gute Arbeit gestalten. Haufe Verlag.

Carsten C. Schermuly, Christian Geissler (2021): Ergebnisbericht zum New Work-Barometer. https://www.srh-berlin.de/fileadmin/Hochschule_Berlin/B.A_allgemein/Ergebnisbericht_NWB_2021.pdf. Abruf 6. März 2023.

Armin Schubert (2023): Positiv wirkt. Wie du mit positivem Denken und Handeln aktiv dein Leben gestaltest. BusinessVillage GmbH. Kindle-Version.

Kim Scott (2022): Mitfühlende Ehrlichkeit. https://9spaces.de/tools/mitfuehlende-ehrlichkeit. Abruf 6. März 2023.

Günter Seemann (2009): Gewaltfrei Kommunikation im Führungsalltag. Books-on-Demand.

Reinhard K. Sprenger (2007): Vertrauen führt. Worauf es in Unternehmen wirklich ankommt. Campus Verlag.

Vera Starker, Roman Gaida (2022): New Work in der Industrie. Wie wir die digital-kulturelle Transformierung meistern! Rossberg Verlag.

Statista (2023): Der Future of Work Report 2022. https://de.statista.com/page/der-future-of-work-report-2022. Abruf 6. März 2023.

Jennifer Stein (2018): Systemische Interventionen. In: Trainingaktuell, 29. Jahrgang, Nr. 6, 2018.

Daniel Steinhöfer (2021): Liberating Structures. Entscheidungsfindung revolutionieren. Verlag Vahlen.

Taraneh Taheri (2022): Ich habe eine Spannung. In: Neue Narrative, 14/2022.

Markus Väth (2023): New Work Charta. https://humanfy.de/leistungen/new-work/new-work-charta. Abruf 6. März 2023.

Markus Väth (2019): Keynote New Work Summit 2019. https://www.youtube.com/watch?v=VLMcliDR4E4&t=618s. Abruf 6. März 2023.

Bertram Weiß, Claus Peter Simon (2017): Wie wir Vertrauen gewinnen – und verhindern, misstrauisch zu werden. In: Geo Wissen Nr. 59: Die Kunst zu streiten. https://www.geo.de/magazine/geo-wissen/16301-rtkl-psychologie-vertrauen-das-verbindende-gefuehl. Abruf 6. März 2023.

Hannah Weißner, Nico Hoffmann (2022): Next Generation Leadership. Abkehr von unzeitgemäßen Führungsmythen. In: OrganisationsEntwicklung 4/22.

Jürgen Wertheimer, Niels Birbaumer (2016): Vertrauen: Ein riskantes Gefühl. ecoWing Verlag.

Markus Wutzler (2023): https://www.checkin-generator.de/#h2nr6. Abruf 6. März 2023.

Positiv wirkt

Armin Schubert
Positiv wirkt
Wie du mit positivem Denken und Handeln aktiv dein Leben gestaltest
1. Auflage 2022

224 Seiten; Broschur; 24,95 Euro
ISBN 978-3-86980-651-8; Art.-Nr.: 1152

Immer wieder treffen wir auf Menschen, die selbst unter widrigsten Umständen ihre Zuversicht nicht verlieren. Meist sind es hochwirksame Menschen, die zudem ihre positive Grundhaltung auf ihr Umfeld übertragen. Aber aus welcher Quelle schöpfen sie ihren schier grenzenlosen Optimismus? Kann man so eine positive Haltung lernen?

Antworten darauf liefert Schuberts neues Buch. Es inspiriert uns, Positivität als eine Haltung, ein »Ja zum Leben« zu erkennen und in unser Leben zu integrieren. Positivität beginnt damit, die eigene Wahrnehmung bewusst zu lenken und das eigene Handeln darauf auszurichten. Denn jeder von uns kann sein Lebensumfeld gestalten.

Zudem erschließen wir uns durch den aktiven und bewusst positiven Umgang mit Problemen, Rückschlägen und negativen Ereignissen neue Handlungsspielräume und machen ein selbstbestimmteres Leben möglich.

Dieses Buch zeigt, wie wir unser Kopfkino umprogrammieren, aus der negativen Gedankenspirale aussteigen und einen positiven Zukunftsbegriff in unserem Leben etablieren und umsetzen.

www.BusinessVillage.de

Der Code agiler Organisationen

Stefanie Puckett
Der Code agiler Organisationen
Das Playbook für den Wandel
zur agilen Organisationskultur
1. Auflage 2020

252 Seiten; Broschur; 29,95 Euro
ISBN 978-3-86980-482-8; Art.-Nr.: 1081

Die Unternehmenskultur ist die größte Herausforderung und größter Stellhebel zugleich, wenn es darum geht, eine agile Organisation zu formen.

Wie aber lässt sich das Konzept Organisationskultur auf handlungsrelevanter Ebene greifbar machen? Was macht eine agile Kultur aus? Was sind ihre Elemente? Wie formt und entwickelt sich diese Kultur? Wo sind die Ansatzpunkte und wo liegen Fallstricke? Was funktioniert in der Praxis wirklich?

Pucketts Buch liefert Antworten auf diese Fragen und zeigt, wie sich die Unternehmenskultur gestalten und formen lässt. Dabei taucht es in die Organisationspsychologie ein und übersetzt die Erkenntnisse in praktische Handlungsempfehlungen. Auf Basis von Analysen agiler Organisationen und solcher in Transformation, wird der Code agiler Unternehmenskultur entschlüsselt. Die Kernelemente agiler Organisationskulturen werden definiert und anhand von Beispielen anschaulich beschrieben. Das Buch ist gefüllt mit Kultur-Hacks, praxiserprobten Tipps, Werkzeugen und Methoden.

Puckett gelingt ein völlig neuer Blick auf den Begriff Organisationskultur. Denn es liegt in unseren Händen, die Kultur zu formen: Als Einzelne, als Team, als Führungskraft. Wir sind Unternehmenskultur!

Dieses Playbook lädt zum Experimentieren und Gestalten ein und zeigt anschaulich, wie Organisationen der agile Wandel gelingt.

www.BusinessVillage.de

Psychologische Sicherheit

Birgit Schumacher
Psychologische Sicherheit
Das Entwicklungselixier für persönliches Wachstum, Teams und Organisationen
1. Auflage 2023

252 Seiten; Broschur; 29,95 Euro
ISBN 978-3-86980-695-2; Art.-Nr.: 1168

Wie wäre es, wenn sich Menschen innerhalb eines Teams oder einer Organisation trauen würden, ihre Meinung zu sagen oder auf den ersten Blick abwegige Ideen zu formulieren? Wenn sie bereit wären, Risiken einzugehen und nicht den hundertprozentig sicheren Weg zu wählen? Und das ganz ohne Konsequenzen befürchten zu müssen?

Die Antwort heißt psychologisch Sicherheit. Sie hebt das Potenzial von Mitarbeitenden, die sich nicht trauen, souverän das Wort zu ergreifen und in Verantwortung zu gehen oder die aus Angst vor dem Scheitern eine große Idee lieber für sich behalten.

Schumachers neues Buch illustriert, wie wir ein Umfeld psychologischer Sicherheit schaffen und welche neurobiologischen, psychologischen und systemischen Hintergründe wirken.

Es lädt zum Mitdenken und Experimentieren ein, liefert einen neuen Lösungsrahmen und zeigt an Praxisbeispielen, wie man ein Umfeld psychologischer Sicherheit für Teams oder Organisationen erschafft.